잼과 콩포트부터
타르트, 파운드케이크, 밀푀유, 찜케이크와 양갱까지

감 디저트 레시피

Natural & Elegant Kaki Sweets

이마이 요우코·후지사와 가에데 지음 | 권혜미 옮김

지금이책

시작하며

감은 숙성도에 따라서 맛과 식감, 당도가 달라집니다.
아삭아삭한 단감을 좋아하는 사람이 있는가 하면,
숟가락으로 떠먹을 수 있을 정도로 무르익은 홍시를 좋아하는 사람도 있지요.
물론 단감과 홍시를 모두 좋아하는 사람도 있습니다.

이 책은 감을 주제로 한 '감 디저트' 레시피 모음집입니다.
사실 감 디저트는 조금 생소한 장르이기도 합니다.
홍시, 연시, 반연시, 단감, 곶감 등 감의 숙성도에 따라서 그와 어울리는 과자도 달라지지요.
그래서 여기에서는 각각의 레시피에 어떤 감을 사용해야 하는지,
감의 숙성도를 정리해두었습니다.
숙성도를 적어두지 않은 레시피는, 여러분이 좋아하는 감으로 만들어도 된다는 뜻입니다.

이 책의 레시피를 연구해주신 선생님들을 소개하겠습니다.
먼저 소개할 분은 달걀, 백설탕, 유제품 없는 건강한 디저트를 만들며
요리교실 '루프roof'를 운영하는 요리연구가 이마이 요우코 선생님입니다.
다른 한 분은 프랑스 과자 살롱 '레라블l'erable'을 운영하는 후지사와 가에데 선생님입니다.

이마이 요우코 선생님이 만드는 건강한 디저트는
설탕과 유제품을 싫어하는 사람들도 맛있게 먹을 수 있는 레시피입니다.
또한 아마자케甘酒 등 몸에 좋은 식재료를 많이 사용하지요.
재료는 모두 손쉽게 구할 수 있고, 힘들게 휘핑할 필요도, 온도를 신경 쓸 필요도 없습니다.
사용하는 도구도 많지 않아서 베이킹 초보자도 쉽게 만들 수 있습니다.

후지사와 가에데 선생님은 다양한 프랑스식 과자 레시피를 알려줍니다.
맛도 디자인도 세련된 감의 신세계지요.

그럼, 지금까지 볼 수 없었던 '감 디저트'의 세계로 다 같이 떠나볼까요.

contents

프랑스식

고품격 감 과자

Dessert elegant Kaki

감 숙성도 안내

◎ 홍시
껍질과 과육이 완전히 붙어 있고, 숟가락으로 떠먹을 수 있을 정도로 부드러운 상태.

◎ 연시
손으로 껍질을 벗길 수 있고, 과육이 부드러운 것.

◎ 반연시
가운데 부분은 조금 단단하지만, 껍질 부분은 부드러운 것.

◎ 단감
식감이 아삭한 감.

◎ 곶감(반건시)
감을 햇볕에 말려서 식감이 쫀득쫀득하고 당도가 높은 것.

[이 책의 규칙]

- 1T는 15㎖, 1t는 5㎖
- 오븐을 사용할 경우 전기오븐이나 가스오븐 상관없이 이 책의 레시피대로 온도와 시간을 설정한다. 단, 제조사나 기종에 따라 화력이 다르므로 디저트 상태를 봐가면서 온도는 ±5℃, 시간은 5분 내외로 조절한다.
- 전자레인지는 600W를 사용한다. 500W를 사용할 경우는 가열 시간을 1.2배로 늘린다.

달걀·백설탕·유제품 없는

건강한 감 디저트

Natural Kaki Sweets

이 파트는 달걀, 백설탕, 유제품을 사용하지 않아 몸에 부담이 적은 감 디저트 레시피를 소개한다.
본연의 맛을 지닌 신선한 감, 콩포트나 잼, 햇볕을 받아 단맛과 감칠맛이 한층 진해진 곶감을 사용한 샌드와 춘권, 타르트와 타르트타탱 케이크 같은 서양과자 레시피는 물론이고, 도묘지♦와 양갱 같은 일본 과자 레시피까지 폭넓게 담았다.

♦ 도묘지道明寺는 찹쌀로 만든 떡을 팥소로 채운 일본의 전통 디저트.

Spices

감 스파이스 콩포트

→ 만드는 방법 p. 8

Vanilla

감 콩포트

→ 만드는 방법 p. 8

Herbs

감 허브 마리네

→ 만드는 방법 p. 9

맛이 잘 배도록 은은한 약불에서 오랫동안 조린 콩포트다. 여기에서는 단감을 사용했다. 화이트와인의 산미와 부드러운 바닐라 향이 감의 풍미를 살려준다.

감 콩포트

재료 3개 분량

감(단감) … 3개

A 화이트와인 … 400㎖
- 물 … 200㎖
- 레몬즙 … 2t
- 첨채당 … 60g
- 바닐라빈 … $\frac{1}{3}$개

※ 세로로 칼집을 내 씨를 긁어낸다. 껍질도 사용한다.

만들기

1. 감은 껍질을 벗기고, 꼭지를 도려낸다ⓐ.
2. 냄비에 A와 1을 넣고 중불을 켠다ⓑ.
3. 한 번 끓어오르면 뚜껑을 덮고ⓒ, 약불로 줄인 후 약 10분간 조린다.
4. 감을 뒤집고ⓓ, 10분간 더 조린다. 그대로 식힌다.

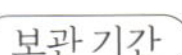

· 냉장실에서 약 10일.

ⓐ

ⓑ

ⓒ

ⓓ

감이 출하되기 시작하는 9월은 환절기라 감기에 걸리는 사람이 많다. 그래서 체온을 높여주는 스파이스를 사용해서 콩포트를 만들어보았다.

감 스파이스 콩포트

재료 2개 분량

감(단감~연시) … 2개

A 물 … 200㎖
- 메이플시럽 … 4T
- 레몬즙 … 1T
- 카더멈 … 3알
- 시나몬스틱 … $\frac{1}{2}$개
- 생강 슬라이스 … 3조각
- 바닐라빈 … 3㎝

※ 세로로 칼집을 내 씨를 긁어낸다. 껍질도 사용한다.

ⓐ

만들기

1. 감은 껍질을 벗기고, 반달 모양으로 8등분한다.
2. 냄비에 A와 1을 넣고, 중불을 켠다ⓐ.
3. 한 번 끓어오르면 약불로 줄이고, 감을 뒤집어가면서 10분간 조린다. 그대로 식힌다.

보관 기간

· 냉장실에서 약 10일.

귤로 향을 내고, 로즈메리와 샐비어로 상쾌한 맛을 더했다.

감 허브 마리네

재료 1개 분량

감(단감~연시) … 1개

A 메이플시럽 … 1과 ½T
　귤 주스(희석하지 않은 것) … 2T
　레몬즙 … 1t
　바닐라빈 … 2~3㎝
　※ 세로로 칼집을 내 씨를 긁어낸다. 껍질도 사용한다.
　레몬껍질 … 2~3조각

B 로즈메리(생) … 1t
　샐비어(생) … 2~3장

만들기

1. 감은 껍질을 벗기고, 반달 모양으로 12등분한다.
2. 작은 냄비에 A를 넣고 중불을 켠다ⓐ. 한 번 끓어오르면 볼에 옮긴다.
3. 한 김 식으면 1과 B를 넣고 잘 섞는다ⓑ. 1~2시간 놔둔다.

보관 기간

- 냉장실에서 약 10일.

ⓐ

ⓑ

감에 흑설탕을 뿌리고 오븐에서 굽기만 하면 된다. 매우 간단한 레시피지만 맛은 훌륭하다. 흑설탕의 감칠맛과 감의 단맛이 아주 잘 어울린다. 잘 익은 홍시로 만들어도 좋고, 단단한 단감으로 만들어도 좋다. 홍시와 단감을 모두 사용하면 각각 다른 맛을 느낄 수 있다.

감 오븐구이

재료 1인분

감(홍시~단감) … 1개
흑설탕 … 적당량

준비

* 오븐은 180℃로 예열한다.

만들기

1. 감은 꼭지 부분을 제거하고 가로로 반으로 자르고, 6등분이 되도록 과육에 칼집을 낸다.
2. 180℃로 예열한 오븐에서 촉촉해질 때까지 굽는다(감의 숙성도에 따라서 시간은 달라진다. 보통 15~30분 걸린다).
3. 2에 흑설탕을 뿌리고, 설탕이 촉촉하게 녹을 때까지 굽는다.

밤페이스트 곶감 샌드

재료 1개 분량

곶감 … 1개
밤페이스트(만드는 법은 아래 표기) … 적당량

만들기

1. 곶감은 밤페이스트를 샌드하기 편하게 세로 또는 가로로 칼집을 낸다.
2. 1에 밤페이스트를 적당량 샌드한다.

[밤페이스트]

재료 만들기 쉬운 분량

밤 … 200g(껍질을 벗긴 것)
A 첨채당 … 40g
물 … 60㎖
소금 … 한 꼬집

만들기

1. 냄비에 물을 끓이고, 밤을 넣은 후 35~40분간 삶는다. 밤을 반으로 자른 후 숟가락으로 알맹이를 파낸다.
2. 냄비에 1과 A를 넣고 중불을 켠다. 수분이 날아갈 때까지 나무주걱으로 으깨면서 섞는다.
3. 2를 핸드블렌더나 믹서로 부드러워질 때까지 간다.
4. 따뜻할 때 3을 체에 거른다.

햇볕에 잘 말려 단맛이 진해진 곶감에 밤페이스트를 듬뿍 샌드한, 조금은 사치스러운 과자다. 시판 곶감을 사용해도 된다.

곶감 만들기

집에서 직접 만든 곶감으로 과자를 만들어보는 건 어떨까? 감을 실에 매달아 묶는 것은 조금 어려울지도 모르니까, 채반에 올려서 말리는 쉬운 방법을 소개하겠다. 만약 곰팡이가 걱정된다면 무색 증류주를 조금 뿌려보자.

재료와 만들기

감(적당량)은 껍질을 벗기고, 채반 위에 올려둔다. 3일에 한 번씩 뒤집으면서 한 달 정도 말린다. 감을 너무 많이 만지면 물러질 수 있으니 주의하자. 반달 모양으로 얇게 썰어서 말려도 좋다

홍시가 되기 직전인, 손으로 껍질을 벗길 수 있을 만큼 잘 숙성된 감으로 만들었다. 목으로 사르르 넘어가는 식감과 부드럽게 씹히는 식감을 모두 느낄 수 있다. 물론 조금 덜 숙성된 감으로 만들어도 맛있다.

감 요거트 드링크

재료 1인분

감(연시) … 200g
두유 요거트 … 100g
레몬즙 … ½t
(취향껏) 꿀 … 1T

만들기

감은 껍질을 벗기고, 나머지 재료와 함께 볼에 넣는다. 핸드블렌더로 젓는다. 물이나 꿀을 취향껏 넣는다.

감 아마자케 아이스크림

아마자케는 면역력을 높여 주고, 피로회복과 감기 예방에도 효과적이다. 여기에서는 아마자케를 사용해서 아이스크림을 만들었다. 유제품을 넣지 않아도 충분히 부드럽고 감칠맛이 난다.

재료 만들기 쉬운 분량

감(연시) … 500g
현미 아마자케 … 100g
무조정 두유 … 50㎖
레몬즙 … 1T

만들기

1. 감은 껍질을 벗기고, 꼭지를 딴다.
2. 볼에 1과 나머지 재료를 전부 넣고, 핸드블렌더로 젓는다.
3. 바트 등의 용기에 넣고, 냉동실에서 차갑게 굳힌다.
4. 가운데 부분이 아직 부드러울 때 3을 꺼낸 후 핸드블렌더로 공기를 넣어가며 젓고, 다시 냉동실에서 차갑게 굳힌다.
5. 4를 2~3회 반복한다.

감 허브 마리네와 코코아 푸딩

코코아와 커피로 씁쓸한 맛을 낸 푸딩에는 점도가 높은 홍시가 잘 어울린다. 깔끔한 맛의 '감 허브 마리네'를 곁들이면, 와인과 잘 어울리는 어른 취향의 디저트가 된다.

감 허브 마리네와 코코아 푸딩

재료 입구 지름 5㎝의 내열 유리컵 3개 분량

감(홍시~반연시) … ⅛개
감 허브 마리네(p. 9) … 적당량
A 무조정 두유 … 150㎖
　코코아파우더 … 1T
　메이플시럽 … 2t
　아가베시럽 … 1T
　※첨채당을 사용해도 되지만, 풍미가 달라진다.
　인스턴트커피(가루) … ½t
한천가루 … ¼t

만들기

1. 감은 껍질을 벗기고, 사방 1㎝ 크기로 자른다.
2. 볼에 A를 넣고 거품기로 섞는다. 체에 거르면서 작은 냄비에 넣는다.
3. 2에 한천가루를 넣고 중불을 켠다. 끓어오르면 약불로 줄인 후 1~2분 더 가열하고, 불을 끈 후 열을 식힌다.
4. 컵에 3의 절반 정도를 넣고, 1의 감을 넣는다. 남은 3을 넣고ⓐ, 냉장실에서 차갑게 굳힌다. 컵에서 꺼내 그릇에 옮기고, 감 허브 마리네를 곁들인다.

ⓐ

[두부크림]

재료 만들기 쉬운 분량

두부 … 150g(뜨거운 물에 5분간 데친다)
A 메이플시럽 … 2T
　소금 … 소량
　무조정 두유 … 1T
　바닐라빈 … 1~2㎝
　※세로로 칼집을 내 씨를 긁어낸다. 껍질도 사용한다.

만들기

1. 바트에 체를 올리고, 키친타월로 감싼 두부를 그 위에 올린다. 두부 위에 누름돌을 올린 후 30분간 물기를 뺀다.
2. 냄비에 1과 A를 넣고, 핸드블렌더로 부드러워질 때까지 섞는다ⓐ(되직하다 싶으면 분량 외의 두유를 조금 넣는데, 추가하는 두유는 1T를 넘기지 않도록 주의한다).

ⓐ

감 샌드위치

바닐라와 메이플시럽 향이 나는 두부크림을 듬뿍 바른 샌드위치다. 맛을 한 단계 업그레이드하기 위해서는 시나몬이 꼭 들어가야 한다.

재료 2개 분량

감(반연시) … 1개
식빵 … 2장
두부크림(p. 16) … 적당량
시나몬파우더 … 적당량

만들기

1. 감은 껍질을 벗기고, 반달 모양으로 두껍게 썬다.
2. 식빵 2장에 두부크림을 바르고, 시나몬파우더를 뿌린다. 1장의 식빵에 감을 올린다ⓐ.
3. 2의 식빵을 포갠 후 랩으로 감싼다. 냉장실에 잠시 넣어둔다.
4. 샌드위치를 사선으로 자른다.

뭉실뭉실하게 잘 쪄진 도묘지는 한입 베어 물 때마다 쫀득한 식감을 준다. 도묘지의 쫀득함과 감에서 흘러나오는 달콤한 과즙이 이 화과자의 가장 큰 매력이다.

감 도묘지

맛이 진한 검은깨 양갱에는 단맛이 강한 곶감이 잘 어울린다. 그중에서도 과육이 탱탱하고 부드러운 반건시를 추천한다.

곶감 검은깨 양갱

감 도묘지

재료 3개 분량

감(반연시) … 자른 것 3조각(껍질을 벗기고, 폭 1.5㎝의 반달 모양으로 썬다)
도묘지 가루 … 75g
A 뜨거운 물 … 125㎖
　첨채당 … 5g
팥앙금(만드는 법은 오른쪽에 표기) … 120g
콩가루 … 적당량

만들기

1. 볼에 A를 넣고 첨채당을 녹인다. 도묘지 가루를 넣고 10~15분간 뜸 들인다.
2. 찜기에 젖은 면포를 깔고 불을 켠다. 증기가 올라오면 1을 올리고 15~20분간 찐다. 불을 끄고 그대로 10분간 뜸 들인다.
3. 팥앙금을 3등분으로 나눈다. 자른 감을 가로로 한 번 더 자른다. 적당한 크기로 자른 랩을 손바닥 위에 올리고, 그 위에 팥앙금을 넓게 펴서 올린 다음, 감 2조각을 넣고 동그랗게 빚는다ⓐ.
4. 2를 3등분한다.
5. 적당한 크기로 자른 랩을 손바닥 위에 올리고, 4를 3의 팥앙금보다 조금 더 넓게 펼친 다음 3을 잘 감싼다ⓑⓒⓓ. 그릇에 올리고, 콩가루를 뿌린다.

[팥앙금]

재료 만들기 쉬운 분량

A 팥(건조) … ½컵
　물 … 300~350㎖(팥의 3~3.5배 분량)
　다시마 … 1장(가로세로 2㎝)
첨채당 … 30~40g
소금 … 한 꼬집

만들기

1. 압력솥에 A를 넣고 강불을 켠다. 끓어오르면 뚜껑을 덮는다. 압력이 차면 약불로 줄이고 25분간 삶은 후 불을 끈다. 압력이 빠질 때까지 놔두고, 손가락으로 눌렀을 때 팥이 으스러질 만큼 부드러워진 것을 확인한다. 아직 딱딱하다면 조금 더 삶는다. 물기가 남아 있다면 강불을 켜서 물을 날려버린다.
2. 1에 첨채당을 넣고 섞는다. 뚜껑을 연 채로 약한 중불을 켜고, 살짝 저어가면서 불을 조절한다. 솥 바닥에 팥알 자국이 생기면 소금을 넣고 한 번 더 젓는다.
3. 2를 바트에 옮기고, 수분이 날아가지 않도록 랩을 씌운 후 식힌다.

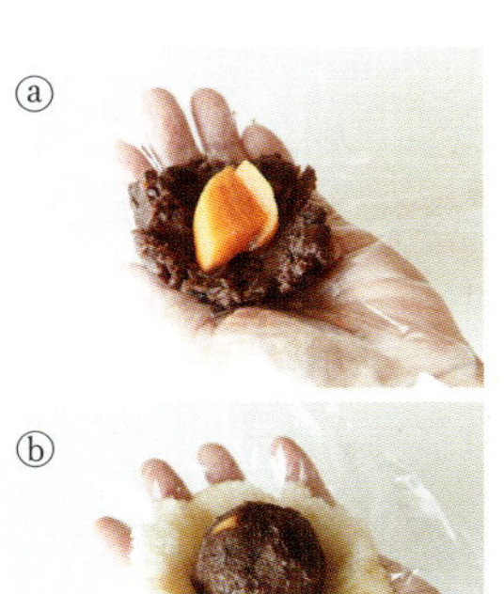

ⓐ ⓑ

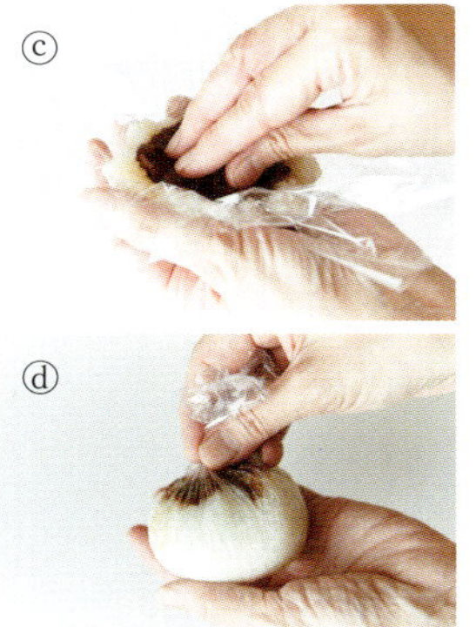

ⓒ ⓓ

곶감 검은깨 양갱

재료 가로 6㎝×세로 24㎝×높이 4.5㎝ 슬림 파운드 틀 1개 분량

곶감(반건시) … 4개
A 물 … 200㎖
한천가루 … 1t
첨채당 … 60g
팥앙금(p. 20) … 300g
소금 … 한 꼬집
검은깨 가루… 2T

준비

* 파운드 틀 바닥에 유산지를 깐다.
* 감은 세로로 2등분한다ⓐ.

만들기

1. 작은 냄비에 A를 넣고 불을 켠다. 한 번 끓어오르면 약불로 줄이고 2~3분 더 끓인다.
2. 1에 팥앙금을 넣고, 고무주걱으로 잘 섞으면서 2~3분 더 가열한다.
3. 2에 소금을 넣고 한 번 섞은 다음 불에서 내린다. 검은깨 가루를 넣고 잘 섞는다.
4. 틀에 3의 절반 정도를 넣고, 조금 굳으면 감을 올린다ⓑ. 남은 3을 넣고ⓒ, 냉장실에서 차갑게 굳힌다ⓓ.

ⓐ

ⓒ

ⓑ

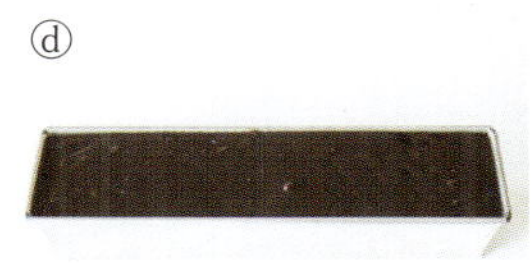

ⓓ

곶감과 초콜릿칩 비스킷

박력분과 강력분을 반반 섞어서 씹는 맛이 좋은 따뜻한 비스킷이다. 쌉싸름한 초콜릿칩과 달콤한 감의 맛이 번갈아 입안에서 퍼진다. 이 즐거운 맛을 다 같이 느껴보자.

재료 6개 분량

곶감(반건시) … 120g
A 박력분 … 75g
  강력분 … 75g
  첨채당 … 30g
  베이킹파우더 … 1t
  소금 … 소량
식물성 오일 … 3T
두유 요거트… 60g
초콜릿칩(유화제가 없는 것) … 20g
호두(구운 것) … 25g
첨채 그래뉴당 … 적당량

준비

* 오븐을 170℃로 예열한다.
* 틀에 유산지를 깐다.
* 감은 한입 크기로 자른다.
* 호두는 잘게 부순다.

만들기

1. 볼에 A를 넣고 고무주걱으로 골고루 잘 섞는다. 오일을 넣고, 손끝으로 오일을 전체에 묻혀가면서 섞는다ⓐ.
2. 1에 두유 요거트를 넣고 고무주걱으로 잘 섞는다. 생지가 60% 정도 완성되면ⓑ 곶감과 초콜릿칩과 호두를 넣고 고무주걱으로 잘 섞는다ⓒ.
3. 재료가 으스러지지 않도록 손으로 부드럽게 반죽한다ⓓ. 가루가 잘 뭉쳐지지 않을 때는 두유 요거트를 조금 더(분량 외) 넣는다.
4. 3을 6개로 나누고, 가볍게 모양을 잡은 다음 오븐 판 위에 올린다ⓔ. 첨채 그래뉴당을 뿌리고ⓕ, 170℃로 예열한 오븐에서 18~20분간 굽는다.

곶감과 호지차 찜케이크

단맛이 강한 곶감과 호지차와 검은콩을 섞어서 만든 일본식 케이크다. 아몬드가루를 넣어서 촉촉한 식감을 완성했다.

재료 지름 15㎝ 원형 틀 1개 분량

곶감 … 120g

A 박력분 … 120g

아몬드가루 … 30g

콩가루 … 15g

첨채당 … 30g

호지차 … 2T

※잘게 빻은 것이나 가루로 된 것.

베이킹파우더 … 2t

소금 … 한 꼬집

B 무조정 두유 … 140㎖

메이플시럽 … 3T

식물성 오일 … 2t

익힌 검은콩(시판용) … 40g

준비

* 감은 사방 1.5㎝로 자른다.

만들기

1. 볼에 A의 박력분을 먼저 넣고, A의 나머지 재료를 넣은 다음 고무주걱으로 골고루 섞는다.
2. 다른 볼에 B를 넣고, 거품기로 잘 섞는다.
3. 1에 2를 넣고 고무주걱으로 잘 섞은 다음 곶감과 검은콩을 넣는다. 이때 곶감 3~4조각과 검은콩 3~4알 정도를 남겨둔다. 가루가 사라질 때까지 고무주걱으로 잘 섞는다.
4. 틀에 3을 붓고, 3에서 남은 감과 검은콩을 올린다. 수증기가 올라오는 찜통에 틀을 넣고, 40분간 찐다(이쑤시개로 찔렀을 때 생지가 묻어나오지 않으면 완성이다).

단맛이 강한 곶감에 레몬즙과 레몬껍질로 신맛을 더한 부드러운 파운드케이크다. 밀가루 맛이 잘 느껴지도록 전립 박력분을 배합했고, 아몬드가루를 아낌없이 넣어서 부드러운 식감을 완성했다.

재료 가로 7.5㎝×세로 15㎝×높이 6㎝ 파운드 틀 1개 분량

곶감(반건시) … 120g
A 박력분 … 80g
전립 박력분 … 40g
아몬드가루 … 70g
첨채당 … 40g
베이킹파우더 … 1t
소금 … 한 꼬집
레몬껍질(채썬 것) … ½개
B 메이플시럽 … 3T
식물성 오일 … 2T
무조정 두유 … 80㎖
C 첨채당 … 30g
레몬즙 … 1t
레몬껍질 … 적당량

준비

* 오븐을 170~180℃로 예열한다.
* 틀에 유산지를 깐다.

만들기

1. 감은 사방 1.5㎝로 자른다.
2. 체에 내린 A의 박력분과 전립 박력분을 볼에 넣는다. A의 나머지 재료도 넣고, 고무주걱으로 골고루 섞는다.
3. 다른 볼에 B를 넣고 거품기로 잘 섞는다.
4. 2의 볼에 3을 넣고, 고무주걱으로 잘 섞은 다음, 곶감을 넣고 더 섞는다ⓐ.
5. 틀에 4를 넣고, 표면을 정리한다ⓑ.
6. 170~180℃로 예열한 오븐에서 30~40분간 굽는다. 이쑤시개로 찔렀을 때 아무것도 묻어나오지 않을 때까지 굽고, 그대로 식힌다.
7. 볼에 C를 넣고 잘 섞은 다음, 중탕으로 첨채당을 녹인다ⓒ.
8. 6에 7을 뿌리고ⓓ, 그 위에 레몬껍질을 갈아서 뿌린다ⓔ.

ⓐ

ⓑ

ⓒ

ⓓ

ⓔ

감과 홍차 머핀

약간 떫은맛을 내는 타닌(폴리페놀)이 함유된 감과 홍차는 최고의 조합을 자랑한다. 홍차 잎은 진하지 않은 다즐링이나 우바, 감귤 향이 나는 얼그레이 등을 취향에 맞게 사용하면 된다. 감은 수분이 적은 단감을 추천한다. 머핀 생지에 두부를 넣어서, 식어도 촉촉한 식감을 느낄 수 있다.

감과 홍차 머핀

재료 지름 7.5㎝ 머핀 틀 6개 분량

감(단감) … 1개
감(장식용) … ½개
A 박력분 … 180g
　전립 박력분 … 45g
　아몬드가루 … 45g
　첨채당 … 60g
　베이킹파우더 … 2t
　홍차 잎 … 2t
　소금 … 한 꼬집
B 두부 … 150g
　식물성 오일 … 5T
　메이플시럽 … 3T
　무조정 두유 … 100㎖
아몬드 슬라이스 … 적당량

준비

* 두부는 물기를 뺀 후 120g으로 만든다.
* 오븐을 170~180℃로 예열한다.
* 틀에 유산지를 깐다.

만들기

1. 감은 껍질을 벗기고, 1개는 사방 2㎝로 깍둑썰기한다. 장식용은 반달 모양으로 12조각이 되게 썬다.
2. 체에 내린 A의 박력분과 전립 박력분을 볼에 넣는다. A의 나머지 재료도 넣고, 고무주걱으로 골고루 섞는다.
3. 다른 볼에 B를 넣고, 핸드블렌더로 잘 섞는다.
4. 2의 볼에 3을 넣고, 고무주걱으로 잘 섞는다ⓐ.
5. 가루가 조금 남아 있는 상태에서 깍둑썰기한 감을 넣고ⓑ, 고무주걱으로 가루가 사라질 때까지 재빨리 섞는다.
6. 틀에 5를 넣고, 반달 모양으로 자른 장식용 감을 꾹 눌러서 올리고, 아몬드 슬라이스를 뿌린다ⓒ.
7. 170~180℃로 예열한 오븐에서 30분간 굽는다. 이쑤시개로 찔렀을 때 아무것도 묻어나오지 않으면 완성이다.

ⓐ

ⓑ

ⓒ

[쌀가루 커스터드 크림]

재료 만들기 쉬운 분량

A 쌀가루 … 30g
　첨채당 … 30g
　한천가루 … ⅔t
　바닐라빈 … 1.5㎝
　※세로로 칼집을 내 씨를 긁어낸다. 껍질도 사용한다.
매이플시럽 … 3T
무조정 두유 … 300㎖

만들기

1. 냄비에 A의 재료를 넣고, 고무주걱으로 섞는다. 메이플시럽을 넣고 더 섞는다.
2. 1에 두유를 소량 넣고, 전체가 잘 섞이도록 저은 다음 남은 두유도 넣는다.
3. 2에 약한 중불을 켠다. 약간 걸쭉해지면 약불로 줄이고, 2~3분간 더 졸인다ⓐ. 바트나 볼에 크림을 옮겨 담고, 표면에 랩을 씌운 후 차갑게 식힌다(바로 사용할 때는 볼 아래에 얼음물을 받치고 식혀도 된다).

ⓐ

감과 쌀가루 커스터드 춘권

이 춘권은 단감을 사용해서 아삭한 식감을 내도 좋고, 홍시를 사용해서 사르륵 녹는 식감을 내도 좋다. 또한 뜨거울 때 먹어도 맛있고, 차가울 때 먹어도 맛있다. 다양한 방식으로 춘권을 맛보자.

재료 2개 분량

감(단감)
… 2조각(1.5㎝ 폭으로 반달썰기한 것)
춘권 피 … 1장
쌀가루 커스터드 크림(p. 30) … 60g
튀김 기름 … 적당량

만들기

1. 춘권 피를 삼각형으로 자른다.
2. 피 가운데 쌀가루 커스터드 크림의 절반 정도를 올리고, 감 한 조각을 반으로 잘라 그 위에 올린다ⓐ.
3. 피의 모서리 부분에 물을 묻히고, 내용물을 감싸듯이 접는다ⓑⓒⓓ.
4. 180℃의 기름에 넣고 옅은 갈색이 될 때까지 튀긴다.

hocolat KAKI
au chocolat KAKI
chocolat KAKI

타르트 생지도, 속을 채우는 크렘 다망드(아몬드크림) 생지도 쌉쌀한 코코아를 넣어 만들었다. 거기에 신선한 감을 듬뿍 올렸다. 이런 화려한 타르트도 집에서 만들 수 있다. 감은 살짝 부드러운 반연시를 추천한다.

감 코코아 타르트

감 코코아 타르트

재료 지름 18㎝ 타르트 틀 1개 분량

감(반연시) … 1과 ⅓개

A 박력분 … 70g
전립 박력분 … 70g
첨채당 … 30g
코코아파우더 … 15g
소금 … 한 꼬집

B 식물성 오일 … 3T
무조정 두유 … 2T

C 아몬드가루 … 100g
박력분 … 20g
코코아파우더 … 20g
베이킹파우더 … 1t
소금 … 한 꼬집

D 식물성 오일 … 2와 ½T
메이플시럽 … 2와 ½T
무조정 두유 … 2와 ½T

두부크림(p. 16) … 전량

준비

* 오븐을 180℃로 예열한다.

만들기

1. 볼에 A를 넣고, 고무주걱으로 골고루 섞는다.
2. 다른 볼에 B를 넣고 거품기로 잘 섞는다.
3. 1의 볼에 2를 넣고, 고무주걱으로 잘 섞은 다음, 볼 안쪽 벽에 묻은 가루까지 닦아가면서 손으로 반죽한다ⓐ. 가루가 잘 뭉쳐지지 않으면 두유를 조금(분량 외) 추가한다.
4. 3의 생지를 밀대로 밀어 틀보다 조금 크게 만든다ⓑⓒ.
5. 생지를 밀대에 걸어서 틀에 올리고ⓓ, 밀대로 밀면서 가장자리에 남은 생지를 떼어낸다ⓔ. 틈이 생기지 않도록 손끝으로 가장자리를 눌러주고ⓕ, 포크로 바닥에 구멍을 낸다ⓖ.
6. 볼에 C를 넣고, 고무주걱으로 골고루 섞는다. 다른 볼에 D를 넣고, 거품기로 잘 섞는다. C의 볼에 D를 넣고 고무주걱으로 잘 섞는다.
7. 6의 생지를 5에 넣고 고무주걱으로 평평하게 정리한 다음ⓗ, 180℃로 예열한 오븐에서 25~30분간 구워 차갑게 식힌다.
8. 7에 두부크림을 올린 후 평평하게 다듬는다. 숟가락으로 두부크림을 떠서 가장자리를 따라 떨어뜨린다ⓘ.
9. 감은 껍질을 벗기고 1.5㎝ 폭으로 반달썰기해서 케이크 중앙에 듬뿍 올린다.

감 타르트타탱 케이크

열을 입혀 쫀득해진 감과 피칸을 아낌없이 넣은 케이크다. 케이크 생지에는 아몬드 가루를 넉넉히 넣었다. 가열 시간이 길어서, 감은 단단한 단감을 추천한다.

« Mon mari est malade, Ayez pitié de nous ! »

감 타르트타탱 케이크

재료 가로세로 18㎝ 사각 틀 1개 분량

감(단감) … 2개
메이플시럽 … 1T
럼주 … 1T
첨채당 … 1T
피칸(구운 것) … 70g
A 박력분 … 150g
　아몬드가루 … 100g
　첨채당 … 50g
　베이킹파우더 … 2t
B 식물성 오일 … 5T
　무조정 두유 … 150㎖

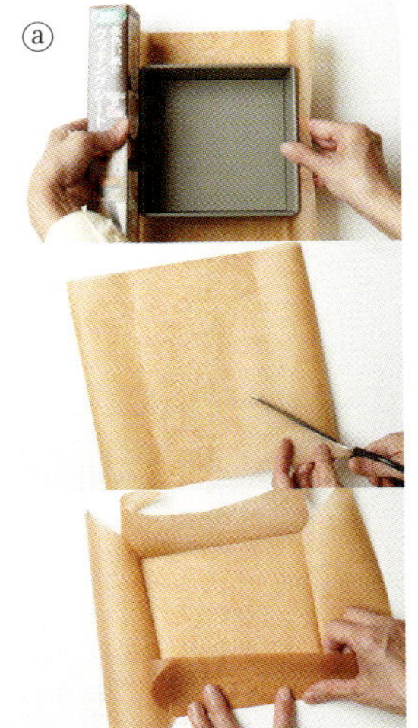

준비

* 오븐을 170℃로 예열한다.
* 틀에 유산지를 깐다ⓐ.

만들기

1. 감은 껍질을 벗기고, 폭 2㎝로 반달썰기한다.
2. 프라이팬에 메이플시럽을 넣고 졸인다. 걸쭉해지면 ⓑ, 1을 넣고 시럽이 잘 배도록 약한 중불에서 5~6분간 조린다. 럼주를 넣고 잘 섞는다ⓒ.
3. 틀 바닥 전체에 첨채당을 뿌린다. 2를 넣고, 피칸을 전체에 고루 올린다ⓓ.
4. 체에 내린 A의 박력분을 볼에 넣고, A의 나머지 재료도 넣은 후 고무주걱으로 골고루 섞는다.
5. 다른 볼에 B를 넣고 거품기로 잘 섞는다.
6. 4의 생지에 5를 넣고 고무주걱으로 잘 섞는다. 3 위에 골고루 올린다ⓔ. 170℃로 예열한 오븐에서 30분간 굽는다. 식은 후 틀에서 꺼내 바닥이 위로 가게 뒤집는다.

감잼

이 잼은 식감을 즐길 수 있도록 반연시로 만들었다. 만약 단감이 있다면 반연시와 섞어서 만들어보길 바란다. 그러면 재미있는 두 가지 식감을 즐길 수 있다.

재료 만들기 쉬운 분량

감(반연시) … 2개(350~400g)
첨채당 … 20g
레몬즙 … 1t
바닐라빈 … 2㎝
※세로로 칼집을 내 씨를 긁어낸다. 껍질도 사용한다.

ⓐ

ⓑ

ⓒ

만들기

1. 감은 껍질을 벗기고 사방 2㎝로 자른 다음 냄비에 넣는다. 나머지 재료도 모두 넣는다ⓐ.
2. 뚜껑을 덮고ⓑ, 약불에서 5분간 조린다.
3. 뚜껑을 열고, 원하는 농도가 될 때까지 저으면서 졸인다ⓒ.

감잼 크럼블 쿠키

바삭한 쿠키 생지에 바닐라 향이 나는 감잼을 바르고, 그 위에 크럼블을 뿌렸다. 그러고 나서 바삭하게 구우면 된다. 타지 않게 조심하자.

감잼 크럼블 쿠키

재료 가로세로 18㎝ 사각 틀 1개 분량

감잼(p. 39) … 200g

A 박력분 … 100g
　아몬드가루 … 30g
　첨채당 … 30g
　소금 … 한 꼬집

B 식물성 오일 … 3T
　무조정 두유 … 2T

C 박력분 … 40g
　아몬드가루 … 20g
　첨채당 … 20g
　식물성 오일 … 2T

준비

* 오븐을 170℃로 예열한다.
* 틀에 유산지를 깐다.

만들기

1. 볼에 A를 넣고 고무주걱으로 골고루 섞는다.
2. 다른 볼에 B를 넣고 거품기로 잘 섞는다.
3. 1의 볼에 2를 넣고 고무주걱으로 잘 섞은 다음, 볼 안쪽 벽에 묻은 가루까지 닦아가면서 손으로 반죽한다ⓐ. 가루가 잘 뭉쳐지지 않으면 두유를 조금(분량 외) 추가한다.
4. 3의 생지를 유산지 위에 올리고, 밀대로 밀어 틀보다 조금 크게 만든다ⓑⓒ.
5. 4의 생지를 유산지째로 틀에 넣고, 틈이 생기지 않도록 손끝으로 생지 가장자리를 눌러준다ⓓ. 포크로 바닥에 구멍을 낸다ⓔ.
6. 170℃로 예열한 오븐에서 15분간 굽는다.
7. 크럼블을 만든다. 볼에 C를 넣고 소보로 상태가 될 때까지 손끝으로 섞는다ⓕ.
8. 6 전체에 감잼을 바르고, 7의 크럼블을 뿌린다ⓖ. 170℃로 예열한 오븐에서 갈색이 돌 때까지 15~20분간 굽는다. 따뜻할 때 좋아하는 크기로 자른다.

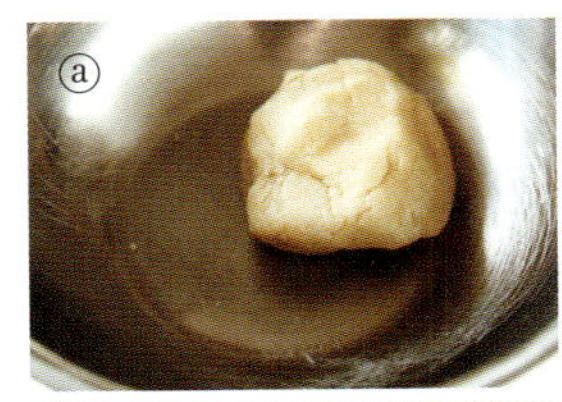
ⓐ

ⓑ

ⓒ

ⓓ

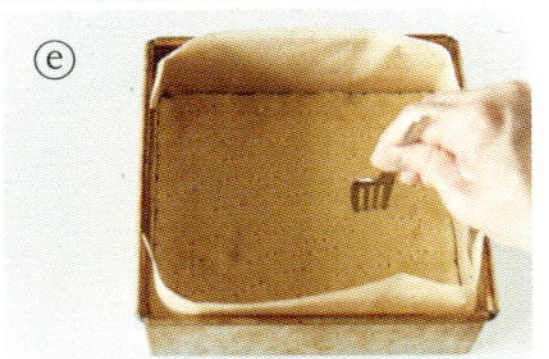
ⓔ

ⓕ

ⓖ

감잼 다쿠아즈 샌드

달걀흰자 없이도 다쿠아즈풍의 바삭하고 폭신한 과자를 만들 수 있다. 전립 박력분과 아몬드가루를 섞어 만든 생지에, 바닐라 향이 나는 감잼을 샌드했다.

ⓐ
ⓑ

재료 4개 분량

감잼(p. 39) … 적당량

A 전립 박력분 … 50g
　아몬드가루 … 40g
　첨채당 … 30g
　베이킹파우더 … $\frac{1}{2}$t

B 식물성 오일 … 3T
　무조정 두유 … 50㎖

첨채당(파우더) … 적당량

준비

* 오븐을 170℃로 예열한다.
* 틀에 유산지를 깐다.

만들기

1. 볼에 A를 넣고 고무주걱으로 골고루 섞는다.
2. 다른 볼에 B를 넣고 거품기로 잘 섞는다.
3. 1의 볼에 2를 넣고 고무주걱으로 잘 섞는다.
4. 3을 숟가락으로 $\frac{1}{8}$씩 뜬 다음 틀 위에 올려놓는다. 지름 6㎝, 높이 1㎝가 되도록 숟가락으로 모양을 잡는다ⓐ(짤주머니로 짜도 좋다).
5. 첨채당을 4 전체에 뿌린다ⓑ. 첨채당이 스며들면 한 번 더 뿌린다.
6. 170℃로 예열한 오븐에서 10분간 굽는다. 식으면 생지의 평평한 면에 감잼을 바르고, 그 위를 다른 생지로 덮는다.

바닐라 향이 나는 감잼을 충분히 맛볼 수 있는 케이크다. 심플한 스펀지 케이크에 바닐라를 넣은 두부크림을 듬뿍 바르고, 말캉하게 씹히는 감잼을 듬뿍 올렸다. 완성된 케이크 위에 첨채당을 뿌려서 단맛을 높였다.

감 빅토리아케이크

재료 지름 15㎝ 원형 틀 1개 분량

감잼(p. 39) … 6~7T
A 박력분 … 150g
  아몬드가루 … 40g
  첨채당 … 20g
  베이킹파우더 … 1과 ½t
  소금 … 한 꼬집
B 메이플시럽 … 2T
  식물성 오일 … 2T
  무조정 두유 … 150㎖
두부크림(p. 16) … 전량
첨채당 … 적당량

준비

* 오븐을 180℃로 예열한다.
* 틀에 유산지를 깐다.

만들기

1. 체에 내린 A의 박력분을 볼에 넣고, A의 나머지 재료도 넣은 다음 고무주걱으로 골고루 섞는다.
2. 다른 볼에 B를 넣고, 거품기로 잘 섞는다.
3. 1의 볼에 2를 넣고, 고무주걱으로 잘 섞는다.
4. 틀에 3을 넣고 고무주걱으로 표면을 정리한 다음 180℃로 예열한 오븐에서 20~25분간 굽는다. 식힘망에 올려서 식힌다.
5. 4를 가로로 반 자른다ⓐ. 아래 면에 두부크림을 바르고ⓑ, 그 위에 감잼을 올린다ⓒ. 남은 케이크 윗면을 포갠다ⓓ.
6. 케이크 전체에 첨채당을 뿌린다ⓔ.

감에 대하여

○ 감에 대한 짤막한 지식

감의 역사는 길다. 철기시대 유적에서 감 화석이 발견되기도 했다. [우리나라 감의 재배 역사는 매우 길 것으로 여겨지지만 언제부터 재배되었는지는 정확히 알기 어렵다. 문헌으로는 고려시대 의약서인 『향약구급방鄕藥救急方』에 처음 나타나며 고려 원종 때와 조선 성종 때 중추제에 제물로 사용했다는 기록이 나온다.—옮긴이] 동아시아가 원산지인 감은 16세기 무렵부터 포르투갈 사람에 의해 유럽으로 전해졌고, 이윽고 아메리카 대륙까지 퍼져나갔다. 흥미롭게도 감은 해외에서 일본어로 감을 뜻하는 'かき'의 발음을 따라 'kaki'로 불린다. 일반적으로 감의 영어로 알려진 'persimmon'은 미국 동부 지역이 원산지인 '작은 미국 감'을 말하며 우리가 아는 감과는 다르다.

○ 감의 종류

품종은 주로 단감과 떫은 감으로 나뉜다. 감의 종류는 1,000종 이상이지만 그중 단감은 20종 정도이고, 나머지는 전부 떫은 감의 돌연변이종이다. 단감과 떫은 감의 차이는 떫은맛을 내는 폴리페놀의 일종인 타닌이 수용성인지 불용성인지에 있다. 단감은 열매가 숙성되면서 타닌이 물에 녹지 않는 불용성으로 바뀌기 때문에 떫은맛이 사라진다. 반면 떫은 감의 타닌은 숙성돼도 여전히 수용성이기 때문에 먹었을 때 떫은맛이 입에 강하게 남는다. 떫은 감은 그대로 먹을 수 없어서 탄산가스나 알코올로 떫은맛을 없애고 출하한다. 곶감은 건조 작업을 통해서 떫은맛을 없앨 수 있다. 우리가 흔히 먹는 대표적인 단감 품종으로는 '부유감' '차랑감' '서촌조생' '태추감' 등이 있다.

○ 감의 제철

생산지나 품종에 따라서 차이는 있지만, 일반적으로 감은 9월 중순부터 12월까지가 제철이다. 10월부터 11월까지 최대 유통량을 맞는다. 다만 최근에는 진공 포장된 감을 1월부터 3월까지 판매하는 곳도 늘고 있다. 곶감은 11월부터 다음해 3월까지가 제철이다.

○ 보관 방법

감은 건조되는 것만 막으면 얼마든지 장기 보관할 수 있다. 비닐봉지에 넣어서 냉장 보관하면 약 1주일은 신선하게 보관할 수 있다. 물에 적신 키친타월로 꼭지를 감싸고 전체를 랩으로 감싼 후 비닐봉지에 넣어서 냉장 보관하면 2~3주 정도는 신선하게 보관할 수 있다. 단단한 감을 조금 숙성시키고 싶을 때는 직사광선이 닿지 않는 곳에서 상온 보관하면 된다. 빨리 숙성시키고 싶을 때는 에틸렌가스가 다량 발생하는 사과와 함께 비닐봉지에 넣어두면 된다.

○ 맛있는 감을 고르는 방법

꼭지 네 장이 온전히 달려 있고 가로세로 비슷한 모습으로 초록색이며, 열매와 꼭지가 잘 붙어 있는 것이 좋다. 전체가 짙은 오렌지색이고, 들었을 때 조금 묵직한 것이 맛있는 감이다.

○ 영양

감은 면역력 강화와 콜라겐 생성을 돕는 비타민 C가 풍부하고, 그 함유량은 감귤의 2배가 넘는다. 감기 예방과 주근깨 및 피부 노화 방지에도 효과가 있다. 또한 몸을 노화시키는 활성산소도 제거해준다. 세포 노화나 암 예방에 도움이 되는 베타카로틴과 리코펜, 악성 콜레스테롤을 줄이고 혈행의 흐름을 좋게 하는 타닌, 고혈압이나 부종에 좋은 칼륨도 다량 들어 있다.

Compte

감 매실주 콩포트

→ 만드는 방법은 p. 51

감 바닐라 콩포트

→ 만드는 방법은 p. 50

감 홍차 콩포트

→ 만드는 방법은 p. 51

프랑스식

고품격 감 과자

Dessert elegant Kaki Sweets

감을 그대로 먹는다면, 나는 단연코 단감파다. 그러나 과자를 만들 때는 그 과자와 어울리는 감을 선택해야 한다. 각각의 레시피에 그와 어울리는 감을 적어놨으니 꼭 참고하길 바란다.
감은 신맛과 향이 없어서 라임이나 레몬, 요거트, 매실주나 브랜디, 육두구나 클로브 등의 강한 향을 섞어보았다. 이렇게 하니 감의 새로운 맛을 발견할 수 있었다.

감 브랜디 콩포트

→ 만드는 방법은 p. 51

감 콩포트에는 단단한 단감이 어울린다. 껍질도 맛있으니까 버리지 말고 함께 담그자. 감의 풍미와 달콤한 바닐라 향 그리고 레몬의 신맛이 잘 어울린다.

감 바닐라 콩포트

재료 감 2~3개 분량

감(단감) … 500g(2~3개)

A 바닐라빈 … 3㎝

※세로로 칼집을 내 씨를 긁어낸다. 껍질도 사용한다.

그래뉴당 … 120g

물 … 400g

(있으면) 레몬즙 … 1T

만들기

1. 감은 껍질을 벗기고, 씨를 제거한 후 4~6조각으로 자른다(껍질은 버리지 않는다).
2. 냄비에 A를 넣고 불을 켠 후 그래뉴당을 녹인다.
3. 2에 1의 감과 껍질을 넣고, 키친타월로 덮는다. 10~15분간 약불에서 조리고, 레몬즙이 있으면 마지막에 레몬즙을 넣는다. 불을 끄고 그대로 식힌다.

보관 기간

- 냉장실에서 약 1주일, 냉동실에서 약 6개월.

떫은맛을 내는 감의 타닌과 홍차의 타닌을 합친 레시피다. 홍차는 얼그레이로 만들어도 맛있다.

감 홍차 콩포트

재료 감 2~3개 분량

감(단감) … 500g(2~3개)
* 겉이 약간 숙성된 것이 좋다.

A 홍차(다즐링 티백) … 2개
그래뉴당 … 120g
물 … 400g

만들기

1. 감은 껍질을 벗기고, 씨를 제거한 후 4~6 조각으로 자른다(껍질은 버리지 않는다).
2. 냄비에 A를 넣고 불을 켠 후 그래뉴당을 녹인다.
3. 2에 1의 감과 껍질을 넣고, 키친타월로 덮는다. 10~15분간 약불에서 조린다. 티백을 꺼낸 후 불을 끄고, 그대로 식힌다.

보관 기간

• 냉장실에서 약 1주일, 냉동실에서 약 6개월.

감의 달콤한 맛과 매실주의 상큼한 과일 향을 합쳐서 콩포트를 만들었다. 탄산수에 타 마셔도 좋고, 젤리로 만들어 먹어도 좋다.

감 매실주 콩포트

재료 감 2~3개 분량

감(단감) … 500g(2~3개)
* 겉이 약간 숙성된 것이 좋다.

A 매실주 … 150g
그래뉴당 … 120g
물 … 250g

만들기

1. 감은 껍질을 벗기고, 씨를 제거한 후 4~6 조각으로 자른다(껍질은 버리지 않는다).
2. 냄비에 A를 넣고 불을 켠 후 그래뉴당을 녹인다.
3. 2에 1의 감과 껍질을 넣고, 키친타월로 덮는다. 10~15분간 약불에서 조린다. 불을 끄고, 그대로 식힌다.

보관 기간

• 냉장실에서 약 1주일, 냉동실에서 약 6개월.

브랜디의 독특한 향과 쓴맛은 불을 가하면 단맛으로 바뀌기 때문에 뭉근하게 끓인 감과 잘 어울린다. 어른 취향의 맛으로 완성할 수 있다.

감 브랜디 콩포트

재료 감 2~3개 분량

감(단감) … 500g(2~3개)
* 겉이 약간 숙성된 것이 좋다.

A 브랜디 … 100g
그래뉴당 … 120g
물 … 300g

만들기

1. 감은 껍질을 벗기고, 씨를 제거한 후 4~6 조각으로 자른다(껍질은 버리지 않는다).
2. 냄비에 A를 넣고 불을 켠 후 그래뉴당을 녹인다.
3. 2에 1의 감과 껍질을 넣고, 키친타월로 덮는다. 10~15분간 약불에서 조린다. 불을 끄고, 그대로 식힌다.

보관 기간

• 냉장실에서 약 1주일, 냉동실에서 약 6개월.

감 쇼트케이크

달걀흰자로 만든 스펀지가 감의 섬세한 풍미를 잘 전달해준다. 옥수수 녹말을 조금 넣어서 부드러운 식감을 낸 것이 맛의 비결이다.

감 쇼트케이크

재료 지름 8㎝×높이 10㎝ 3개 분량

감(단감~반연시) … 2~3개

[생지용]

A 박력분 … 35g
　옥수수 녹말 … 15g
　베이킹파우더 … 1g

달걀흰자 … 150g

그래뉴당 … 100g

바닐라 오일 … 1방울

생크림(유지방 45%) … 20g

[장식용]

생크림(유지방 45%) … 400g

그래뉴당 … 50g

준비

* 가로세로 27㎝ 롤케이크 틀 1개와 지름 6㎝ · 8㎝ 무스 링을 1개씩 준비한다.
* 달걀흰자는 서늘한 곳에 둔다.
* 오븐을 160℃로 예열한다.
* 롤케이크 틀에 유산지를 깐다.
* A는 체에 내린다.

만들기

1. 볼에 달걀흰자를 넣고, 그래뉴당 100g을 세 번 나눠서 넣은 후, 핸드믹서로 뿔이 생길 때까지 휘핑한다ⓐ.
2. 1에 바닐라 오일을 넣고 가볍게 섞는다.
3. 생크림 20g에 2를 조금 넣고ⓑ, 잘 섞은 후 2에 다시 넣는다ⓒ.
4. A를 세 번 나눠서 넣고, 그때마다 고무주걱으로 잘 섞는다.
5. 가로세로 27㎝ 롤케이크 틀에 4의 생지를 붓고, 스패출러나 스크레이퍼로 표면을 평평하게 다듬는다ⓓ. 160℃로 예열한 오븐에서 13~15분간 굽는다.
6. 아직 따뜻할 때 윗면에 유산지(랩도 가능)를 붙였다 떼면서 갈색이 도는 구워진 부분을 벗겨낸다ⓔ. 갈색이 남은 부분은 손끝으로 부드럽게 매만지면서 떼어내고, 생지를 식힌다.
7. 지름 8㎝ 무스 링으로 생지를 9장 동그랗게 찍어낸다ⓕ.
8. 감은 껍질을 벗기고 두께 1㎝로 가로로 썬다. 이렇게 6조각을 썬다. 지름 6㎝ 무스 링으로 동그랗게 찍어낸다ⓖ.
9. 생크림 400g을 볼에 넣고, 그래뉴당 50g을 넣는다. 볼에 얼음물을 받치고 뿔이 설 때까지 휘핑한다ⓗ.
10. 7의 생지 위에 9의 크림을 바르고, 8의 감을 올린다. 그 위에 크림을 한 번 더 바르고ⓘ, 생지를 올린다.
11. 10을 반복하고, 옆면에도 크림을 바른다ⓙ.
12. 9의 남은 크림을 지름 1㎝ 원형깍지를 낀 짤주머니에 넣고, 11 위에 도넛 모양으로 2바퀴 짜낸다ⓚ.

신맛이 부족한 감과 새콤한 요거트를 조합하니 감의 풍미가 깊어졌다. 무스가 될 감은 퓌레로 만들어 사용하기 때문에 반드시 홍시로 한다. 마지막에 장식용으로 올리는 감은 취향대로 선택해도 좋다.

감과 요거트 무스

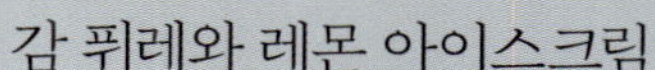

감 퓌레와 레몬 아이스크림

감의 달콤한 맛이 우유나 생크림에 지지 않도록 사워크림과 레몬을 배합했다. 쌉싸름한 레몬 맛이 감 퓌레의 달콤함과 잘 어울린다.

감과 요거트 무스

재료 가로 7㎝×세로 18㎝×높이 5㎝ 직사각형 틀 1개 분량

[사블레 생지] 만들기 쉬운 분량

박력분 … 60g
분당 … 20g
버터(무염) … 40g
달걀노른자 … 10g
달걀노른자(코팅용) … 적당량

[감 무스]

감(홍시) … 150g(껍질을 벗긴 과육)
판젤라틴 … 6g
생크림(유지방 35%) … 50g
그래뉴당 … 20g

[요거트 무스]

플레인요거트(무설탕) … 160g
A 레몬즙 … 5g
| 그래뉴당 … 20g
우유 … 15g
판젤라틴 … 3g
생크림(유지방 35%) … 60g

[장식용]

감(취향대로) … 적당량
피스타치오 … 적당량
레몬껍질(간 것) … 적당량

준비

* 체에 키친타월을 깐 후 요거트를 붓는다. 하룻밤 냉장실에 넣어두면서 물기를 뺀다.
* 푸드프로세서로 타르트 생지를 만들 경우는 버터를 사방 1㎝로 자른다.
* 틀에 랩을 깐다.
* 박력분은 체에 내린다.

만들기

[사블레 생지 만들기]

푸드프로세서로 만드는 방법

(푸드프로세서를 사용하면 생지를 단단하게 만들 수 있어서 이 방법을 추천한다.)

1. 푸드프로세서에 박력분, 분당, 버터를 넣고 간다. 버터가 바스러질 때까지 간다.
2. 1에 달걀노른자를 넣고 생지가 하나로 뭉쳐질 때까지 간다.
3. 2의 생지를 랩으로 감싸고, 냉장실에서 1시간 이상 휴지한다.
4. 3의 생지를 두께 3㎜가 되도록 밀대로 민다. 틀과 같은 크기로 맞춘다.
5. 4를 180℃로 예열한 오븐에서 15분간 굽는다. 바삭함을 유지하기 위해 뜨거울 때 달걀노른자를 발라서 코팅한다ⓐ.

푸드프로세서를 사용하지 않을 경우

볼에 버터를 넣고 고무주걱으로 섞는다. 분당을 넣고 더 섞은 다음, 달걀노른자를 조금씩 넣어가면서 섞는다. 박력분을 넣고 생지가 하나로 뭉쳐질 때까지 고무주걱으로 잘 섞는다. 나머지 만드는 방법은 앞의 3~5와 같다.

[감 무스 만들기]

6. 판젤라틴은 얼음물에 넣어서 불리고ⓑ, 생크림은 80% 휘핑한다.
7. 감은 껍질을 벗기고 퓌레 상태가 될 때까지 핸드블렌더로 간다. 그래뉴당을 넣고 거품기로 섞는다. 작은 냄비에 넣고 약한 중불을 켠 다음 60℃까지 데운다.
8. 물에 불린 판젤라틴은 물기를 꽉 짜서 7에 넣고 녹인다ⓒ. 볼에 옮긴 후 바닥에 얼음물을 받치고 20℃가 될 때까지 고무주걱으로 저으면서 식힌다ⓓ.
9. 8의 생크림을 넣고 거품기로 잘 섞는다ⓔ.
10. 틀에 사블레 생지를 깔고, 그 위에 9를 붓고 냉장실에서 차갑게 굳힌다ⓕ.

[요거트 무스 만들기]

11. 판젤라틴은 얼음물에 불린다. 물기를 뺀 요거트 70g을 볼에 넣는다(요거트의 물기를 빼면 중량이 절반 정도로 줄어든다).
12. 11의 요거트에 A를 넣고 거품기로 섞는다.
13. 우유를 전자레인지에서 20초 데운다(60℃가 될 때까지 데운다).
14. 물기를 짠 11의 판젤라틴을 13에 넣고, 저으면서 녹인다(녹지 않으면 전자레인지로 몇 초 데운다)ⓖ.
15. 14를 12에 넣고ⓗ, 거품기로 잘 섞는다.
16. 생크림을 80% 휘핑하고, 15에 넣고 섞는다ⓘ.
17. 10의 감 무스 위에 16의 요거트 무스를 붓고ⓙ, 차갑게 굳힌다.

[마무리]

18. 틀에서 무스를 꺼내고, 감은 껍질을 벗기고 사방 2㎝로 자른다. 감, 피스타치오, 오렌지껍질로 장식한다.

감 퓌레와 레몬 아이스크림

재료 만들기 쉬운 분량

감(홍시) … 적당량
A 사워크림 … 50g
 그래뉴당 … 80g
우유 … 80g
레몬껍질 … ¼개
생크림(유지방 35%) … 30g
쿠키(시판) … 적당량

만들기

1. 볼에 A를 넣고 거품기로 섞는다.
2. 1에 우유를 넣고 거품기로 섞는다.
3. 2에 레몬껍질을 갈아서 넣고, 섞는다.
4. 다른 볼에 생크림을 넣고 80% 휘핑한 다음 3에 넣고 거품기로 잘 섞는다.
5. 4를 바트 등에 넣고 냉동실에서 차갑게 굳힌다. 중간에 몇 번씩 섞으면서 부드럽게 만든다.
6. 감은 껍질을 벗기고 퓌레 상태가 될 때까지 핸드블렌더로 간다.
7. 유리컵에 쿠키를 부숴서 넣고, 5의 레몬 아이스크림과 6의 감 퓌레를 넣는다. 위에 쿠키 가루를 뿌린다.

감 업사이드다운 케이크

육두구나 클로버 등의 향신료를 넣은 버터케이크에 쌉싸름한 캐러멜 맛을 더했다. 캐러멜 로스트를 너무 숙성된 감으로 만들면 잼이 되기 때문에, 반연시나 단감을 사용하길 바란다.

감 업사이드다운 케이크

재료 지름 15㎝×높이 6㎝ 원형 틀(바닥 일체형) 1개 분량

[감 팔각 캐러멜 로스트]

감(단감~반연시) … 400g(1과 ½~2개)

A 그래뉴당 … 100g
 물 … 1t

버터(무염) … 20g

팔각 … 2개

[바닥용 캐러멜소스]

B 그래뉴당 … 50g
 물 … 1t

[스파이스 버터케이크]

버터(무염) … 120g

그래뉴당 … 100g

C 달걀 … 100g
 달걀노른자 … 20g

D 박력분 … 100g
 아몬드가루 … 20g
 베이킹파우더 … 2g
 육두구파우더 … ½t
 클로브파우더 … ¼t

준비

* 오븐은 150℃로 예열한다.
* 틀에 버터(무염, 분량 외)를 얇게 바르고, 측면에 유산지를 댄다.
* 스파이스 버터케이크 재료는 실온에 둔다.

만들기

[감 팔각 캐러멜 로스트 만들기]

1. 감은 껍질을 벗기고, 1㎝ 폭으로 반달썰기한 다음 바트에 올려놓는다.
2. 작은 냄비에 A를 넣고 약한 중불을 켠 다음 캐러멜소스를 만든다. 갈색이 돌고, 조려지는 냄새가 나고, 기포가 커지기 시작하면 불을 줄인다. 원하는 색이 되기 직전에 불을 끄고, 잔열로 농도를 맞춘다.
3. 2를 1에 골고루 뿌리고, 그 위에 작게 자른 버터를 올린다ⓐ.
4. 3에 팔각을 올리고 포일로 덮은 후 150℃로 예열한 오븐에서 30분간 굽는다.
5. 오븐에서 꺼내고, 바트 바닥에 흐른 캐러멜소스를 떠서 감에 골고루 뿌린다ⓑ. 다시 포일을 덮고, 150℃로 예열한 오븐에서 30분간 구운 후 꺼내서 식힌다.

[바닥용 캐러멜소스 만들기]

6. 작은 냄비에 B를 넣고 불을 켠 후 캐러멜소스를 만든다(만들기 2 참조). 물에 캐러멜을 한 방울 떨어트린다. 물속에서 캐러멜이 흩어지지 않고 뭉쳐지면 완성이다. 만약 흩어진다면 조금 더 졸인다ⓒⓓ.
7. 6을 재빨리 틀에 붓고 캐러멜을 굳힌다.
8. 5를 7의 캐러멜 위에 올린다ⓔ.

[스파이스 버터케이크 만들기]

9. 오븐을 180℃로 예열한다.
10. C를 섞는다.
11. 체에 내린 D를 볼에 넣는다.
12. 다른 볼에 버터를 넣고, 부드러워질 때까지 고무주걱으로 젓는다. 그래뉴당을 세 번 나눠서 넣고, 그때마다 잘 섞는다.
13. 10을 12에 조금씩 넣으면서 나무주걱으로 섞는다.
14. 13에 11을 세 번 나눠서 넣고, 그때마다 잘 섞는다.
15. 8에 14의 생지를 넣고ⓕ, 표면을 고무주걱으로 평평하게 다듬는다.
16. 180℃로 예열한 오븐에서 40분간 굽고, 식으면 틀에서 꺼낸다. 바닥이 위로 가게 뒤집는다.

memo
감의 팔각 캐러멜 로스트는 그 자체로도 맛있는 과자다.

감과 패션프루트 무스

화이트 럼을 섞은 달콤하면서도 쌉쌀한 패션프루트 무스와 홍시 젤리를 번갈아 넣어서 만든 무스 케이크다. 바닥에는 식감이 가벼운 비스킷을 깔았다. 케이크를 자를 때마다 스타일리시한 단면이 보이는 것도 이 케이크의 포인트다.

감과 패션프루트 무스

재료 지름 15㎝×높이 6㎝ 원형 틀 1개 분량

[비스킷] 만들기 쉬운 분량
달걀흰자 … 40g
그래뉴당 … 25g
달걀노른자 … 15g
박력분 … 25g
분당 … 적당량

[감 젤리(샌드용)]
감(홍시) … 200g
그래뉴당 … 30g
판젤라틴 … 7g

[패션프루트 무스]
패션프루트 퓌레(시판용) … 60g
그래뉴당 … 45g
화이트 럼 … 1t
판젤라틴 … 6g
생크림(유지방 35%) … 200g

[감 젤리(토핑용)]
감(홍시) … 100g
물 … 50g
그래뉴당 … 20g
판젤라틴 … 3g

준비

* 바닥 일체형인 지름 15㎝ 원형 틀 1개(없으면 바닥에 랩을 깐 무스 틀)와 바닥에 랩을 깐 지름 12㎝ 무스 틀 1개를 준비한다.
* 비스킷용 달걀흰자는 냉장실에 보관한다.
* 박력분은 체에 내린다.
* 오븐은 180℃로 예열한다.

만들기

[비스킷 만들기]

1. 볼에 달걀흰자를 넣는다. 그래뉴당을 두 번 나눠서 넣고, 그때마다 핸드믹서로 휘핑하면서 윤기 나고 뿔이 확실히 서는 머랭을 만든다ⓐ.
2. 1에 달걀노른자를 넣고 핸드믹서로 잘 섞는다.
3. 2에 박력분을 넣고, 고무주걱으로 바닥에서 위로 저어가며 잘 섞는다ⓑ.
4. 3을 지름 1㎝ 원형깍지를 낀 짤주머니에 넣고, 유산지 위에 지름 13㎝가 되도록 둥글게 짜낸다ⓒ. 분당을 두 번 뿌린다.
5. 180℃로 예열한 오븐에서 10~12분간 굽는다. 식은 후 지름 14㎝로 자른다.

[감 젤리(샌드용) 만들기]

6. 판젤라틴은 얼음물에 불린다ⓓ.
7. 감은 껍질을 벗기고 퓌레 상태가 될 때까지 핸드블렌더로 간다. 그래뉴당을 넣고 거품기로 섞는다.
8. 작은 냄비에 7을 넣고 60℃가 될 때까지 약불에서 데운다.
9. 6의 판젤라틴은 물기를 짜고 8에 넣은 후ⓔ 거품기로 잘 섞으면서 녹인다.
10. 9를 볼에 옮기고, 바닥에 얼음물을 받친 후 20℃가 될 때까지 거품기로 잘 섞는다ⓕ.
11. 10의 젤리 시럽을 지름 12㎝ 무스 틀에 붓고ⓖ, 냉동실에서 차갑게 굳힌다.

[패션프루트 무스 만들기]

12. 판젤라틴은 얼음물에 넣어서 불리고, 생크림을 80% 휘핑한다.
13. 볼에 패션프루트 퓌레를 넣고, 그래뉴당을 넣은 후 거품기로 잘 섞는다.
14. 작은 냄비에 13을 넣고 60℃가 될 때까지 약불에서 데운다.
15. 12의 판젤라틴은 물기를 짜고 14에 넣은 후 거품기로 잘 섞으면서 녹인다.
16. 15를 볼에 옮기고, 바닥에 얼음물을 받친 후 23℃가 될 때까지 거품기로 젓는다. 화이트 럼을 넣고 거품기로 더 젓는다.
17. 16에 생크림을 세 번 나눠서 넣고, 그때마다 거품기로 잘 섞는다. 마지막에는 고무주걱으로 전체를 골고루 섞는다ⓗ.

[케이크 만들기]

18. 지름 15㎝ 틀에 5의 비스킷을 깔고, 17의 패션프루트 무스의 절반을 넣은 다음 평평하게 정리한다.
19. 18 위에 11의 감 젤리를 올린다ⓘ.
20. 남은 패션프루트 무스를 붓고, 고무주걱으로 표면을 평평하게 정리한다ⓙ. 냉동실에서 차갑게 굳힌다.

[감 젤리(토핑용) 만들기]

21. 만드는 방법은 샌드용 '만들기 6~10'과 같다(다만, 감 퓌레를 만들 때 물도 조금 넣는다).
22. 젤리 시럽을 20의 패션프루트 무스 위에 붓고ⓚ, 냉장실에서 차갑게 굳힌다. 틀에서 꺼내면 완성이다.

곶감 페네트라

프랑스 남서쪽에 있는 툴루즈 지역의 향토 디저트다. 원래는 타르트 생지에 설탕에 절인 레몬껍질과 살구잼을 바르고 그 위에 아몬드가루를 듬뿍 넣은 다쿠아즈를 올린 후 구워야 한다. 하지만 여기에서는 감칠맛과 단맛이 진한 곶감과 라임으로 만들어봤다. 다쿠아즈는 바삭바삭한 식감을 내고 싶어서 코코넛파인을 조금 넣었다.

곶감 페네트라

재료 지름 18㎝×높이 2㎝ 타르트 링 1개 분량

곶감(반건시) … 200g
라임껍질 … ½개 분량

[타르트 생지]
A 버터(무염) … 50g
| 분당 … 35g
| 아몬드가루 … 15g
| 박력분 … 90g
달걀노른자 … 15g
달걀노른자(코팅용) … 적당량

[다쿠아즈]
달걀흰자 … 50g
그래뉴당 … 15g
아몬드가루 … 40g
코코넛파인 … 5g
분당 … 25g

준비

* 푸드프로세서로 생지를 만들 때는 버터를 사방 1㎝로 자른다.
* 박력분은 체에 내린다.
* 타르트 링에 버터(무염, 분량 외)를 바르고 강력분(분량 외)을 뿌린다.

만들기

[타르트 생지 만들기]

푸드프로세서로 만드는 방법

(푸드프로세서를 사용하면 생지를 단단하게 만들 수 있어서 이 방법을 추천한다.)

1. 푸드프로세서에 A를 넣고, 버터가 바스러질 때까지 간다.
2. 1에 달걀노른자를 넣고, 생지가 하나로 뭉쳐질 때까지 돌린다ⓐ.

3. 2의 생지를 랩으로 감싸고, 냉장실에서 1시간 이상 휴지한다.
4. 3을 두께 3㎜가 되도록 밀대로 밀고, 타르트 링으로 생지를 찍어서ⓑ 바닥을 만든다. 남은 생지를 2㎝보다 조금 큰 폭으로 자르고, 링 안쪽에 붙인다ⓒ. 링 밖으로 삐져나온 생지는 칼날을 안쪽으로 대서 자르고ⓓ, 30~60분간 냉장실에서 휴지한다. 포크로 바닥에 구멍을 내고ⓔ, 가장자리를 포일로 감싼다ⓕ.
5. 180℃로 예열한 오븐에서 4를 20분간 굽는다. 바삭한 식감을 유지하기 위해 뜨거울 때 전체에 달걀노른자를 발라 코팅한다.

푸드프로세서를 사용하지 않을 경우

볼에 버터를 넣고 고무주걱으로 섞는다. 분당을 넣고 더 섞은 다음 달걀노른자를 조금씩 넣으면서 섞는다. 박력분을 넣고 생지가 하나로 뭉쳐질 때까지 고무주걱으로 잘 섞는다. 나머지 만드는 방법은 앞의 3~5와 같다.

[필링 만들기]

6. 곶감을 칼로 두드려서 페이스트 상태로 만든다.
7. 5에 6을 넣고 표면을 정리한다ⓖ. 갈아낸 라임껍질을 뿌린다.

[다쿠아즈 만들기]

8. 달걀흰자는 서늘한 곳에 둔다. 오븐을 180℃로 예열한다. 아몬드가루는 체에 내린다.
9. 달걀흰자에 그래뉴당을 두 번 나눠서 넣고, 핸드믹서로 뿔이 설 때까지 휘핑한다.
10. 8의 아몬드가루를 9에 두 번 나눠서 넣고, 그때마다 고무주걱으로 잘 섞는다ⓗ. 코코넛파인을 넣고 잘 섞는다.
11. 10을 지름 1㎝ 원형깍지를 낀 짤주머니에 넣고 7에 짜낸다ⓘ. 끝부분을 가볍게 누른다ⓙ(끝이 뾰족하면 구울 때 탈 수 있다).
12. 분당을 두 번 뿌리고ⓚ, 180℃로 예열한 오븐에서 갈색이 날 때까지 약 30분간 굽는다.

감과 홍차크림 밀푀유

밀푀유에는 커스터드 크림을 사용하는 것이 일반적이다. 하지만 여기에서는 달걀의 강한 풍미 때문에 감 맛이 묻힐 수 있어서 홍차를 넣은 생크림을 사용했다. 맛이 연한 다즐링 홍차를 사용했는데, 감귤 맛이 나는 얼그레이를 사용해도 좋다. 파이의 바삭한 식감을 맛보고 싶다면 만든 후 바로 먹는 것을 추천한다.

재료 6개 분량

감 홍차 콩포트(p. 51) … 1과 ½~2개

[파이 생지]

냉동 파이 생지 … 1장

분당 … 적당량

[홍차크림]

생크림(유지방 45%) … 300g

홍차(티백) … 3개

※취향대로. 여기에서는 다즐링 홍차를 사용했다.

그래뉴당 … 60g

[장식용]

감잼(p. 85) … 약간

※감 홍차 콩포트를 사용해도 좋다.

홍차 잎 … 약간

준비

* 오븐은 200℃로 예열한다.

만들기

[파이 생지 만들기]

1. 냉동 파이 생지를 가로세로 25㎝가 되도록 밀대로 민다ⓐ. 냉장실에서 1시간 굳힌다.
2. 200℃로 예열한 오븐에서 1을 5분간 굽는다. 파이가 부풀지 않도록 생지 위에 오븐 틀을 올리고, 15~20분간 더 굽는다ⓑ
3. 갈색으로 잘 구워지면 뒤집어서 분당을 뿌리고ⓒ, 분당이 녹을 때까지 오븐에서 8~10분간 더 굽는다.
4. 3.5㎝×10㎝ 크기가 되도록 빵칼로 12조각으로 썬다ⓓ.

[홍차크림 만들기]

5. 작은 냄비에 생크림을 넣고 약한 중불을 켠다. 끓지 않을 만큼 데워지면 홍차 티백을 넣고ⓔ, 뚜껑을 덮고 5분간 뜸 들인다.
6. 티백을 꾹 짜면서 홍차 액을 짜낸다(티백이 터지면 체로 걸러낸다). 그래뉴당을 넣고, 냄비 바닥에 얼음물을 받치고 휘핑한다ⓕ.

[마무리]

7. 접시에 4의 파이 생지를 세로로 1장 놓고, 오른쪽 가장자리에 6의 크림을 세 번 짜낸다ⓖ. 크림 사이사이에 한입 크기로 자른 콩포트를 끼워 넣는다ⓗ.
8. 다른 1장의 파이 생지를 7과 포개고, 크림을 윗면에 짜낸 다음 표면을 정리한다ⓘ.
9. 생토노레 깍지를 낀 짤주머니에 6의 크림을 넣고 짜낸다ⓙ. 포인트로 잼이나 다진 콩포트를 올린다. 취향에 맞는 홍차 잎을 뿌린다.

감과 배 타르트

가을부터 겨울까지 가장 맛있는 과일인 감과 배를 합쳐서 만든 디저트다. 진한 오렌지색과 옅은 노란색이 보기만 해도 즐겁다. 베이스로 한 쇼트브레드는 향을 내기 위해 호두를 섞은 버터를 아낌없이 사용했다.

감 소르베 오렌지

퓌레로 만든 감과 그래뉴당을 섞어서 차갑게 얼린 매우 간단한 디저트다. 오렌지 큐라소로 풍미를 더하고, 마지막에 검은깨를 뿌려서 맛을 완성했다.

감과 배 타르트

재료 가로 7㎝×세로 18㎝×높이 5㎝ 직사각형 틀 1개 분량

감(단감~반연시) … 약 1개
배 콩포트(시판용) … 100g(적당량)
레몬껍질 … 약간
A 생크림(유지방 45%) … 100g
　그래뉴당 … 10g

[쇼트브레드]
버터(무염) … 50g
분당 … 25g
소금 … 1g
B 박력분 … 70g
　옥수수 녹말 … 10g
호두 … 20g

[아몬드크림]
버터(무염) … 40g
그래뉴당 … 40g
달걀 … 40g
아몬드가루 … 40g

준비

* 쇼트브레드 재료는 실온에 둔다.
* 호두는 7㎜ 크기로 다진다.
* B는 체에 내린다.
* 아몬드크림 재료는 실온에 둔다.
* 아몬드가루는 체에 내린다.
* 틀에 유산지를 깐다.

만들기

[쇼트브레드 만들기]

1. 볼에 버터를 넣고 부드러워질 때까지 나무주걱으로 젓는다. 분당을 넣고 잘 섞는다. 소금을 넣고 잘 섞는다.
2. 1에 B와 호두를 넣고 고무주걱으로 잘 섞은 다음, 마지막은 스크레이퍼로 반죽이 뭉쳐지게 잘 섞는다ⓐ.
3. 2의 생지를 랩으로 감싸고 1시간 이상 냉장실에서 휴지한다ⓑ.
4. 틀 바닥에 3의 생지를 일정한 두께로 깔고ⓒ, 180℃로 예열한 오븐에서 25분간 굽는다.

[아몬드크림 만들기]

5. 볼에 버터를 넣고 부드러워질 때까지 나무주걱으로 젓는다. 그래뉴당을 넣고 잘 섞는다.
6. 5에 달걀을 조금씩 넣으면서 섞는다. 아몬드가루를 넣고 더 섞는다.
7. 6을 랩으로 감싸고 냉장실에서 1시간 이상 휴지한다.
8. 볼에 7을 넣은 후 나무주걱으로 조금 젓고, 부드러워지면 짤주머니에 넣는다(모양깍지는 끼우지 않는다).
9. 4 위에 8을 일정하게 짜고ⓓ, 표면을 정리한 다음ⓔ, 180℃로 예열한 오븐에서 20분간 굽는다.
10. 틀 가장자리에 칼을 넣어가면서 조심스럽게 꺼낸다.

[마무리]

11. 볼에 A를 넣고, 바닥에 얼음물을 받치고 거품기나 핸드믹서로 휘핑한다.
12. 11을 1㎝ 원형깍지를 낀 짤주머니에 넣고, 10의 표면에 짜낸다ⓕ.
13. 감과 배 콩포트를 한입 크기로 자른 다음 12에 장식하고, 11의 크림을 짜낸다ⓖ.
14. 잘게 갈아낸 레몬껍질을 13 표면에 뿌린다.

ⓐ

ⓑ

ⓒ

ⓓ

ⓔ

ⓕ

ⓖ

감 소르베 오렌지

재료 만들기 쉬운 분량

감(홍시) … 200g
그래뉴당 … 50g
오렌지 큐라소 … 1t
굵게 간 검은깨 … 약간

만들기

1. 감은 껍질을 벗기고 핸드블렌더로 부드러워질 때까지 간다.
2. 1에 그래뉴당과 오렌지 큐라소를 넣고 거품기로 섞는다.
3. 2를 바트 등에 넣고, 냉동실에서 차갑게 굳힌다. 중간에 몇 번 섞으면 부드러워진다. 먹을 때 굵게 간 검은깨를 뿌린다.

쫀득한 감 무스

감 무스를 규히[◆]로 감싸서 찹쌀떡 스타일로 만들었다. 무스가 녹으면서 흘러나오는 풍미 있는 수분을 머금을 수 있도록 비스킷도 함께 넣었다. 부드러운 식감과 쫄깃한 식감을 동시에 즐길 수 있다. 무스는 홍시로 진하게 만들었고, 무스 사이에 넣는 감은 단감이나 반연시를 사용했다.

재료 지름 7㎝×높이 4㎝ 반구형 실리콘 몰드(6구 타입) 6개 분량

감(단감~반연시) … 1개

[비스킷] 만들기 쉬운 분량

달걀흰자 … 40g
그래뉴당 … 25g
달걀노른자 … 15g
박력분 … 25g
분당 … 적당량

[무스]

감(홍시) … 350g
그래뉴당 … 40g
생크림(유지방 35%) … 40g
판젤라틴 … 9g
키르슈 … 3g
규히 생지(흰색) … 6장

준비

* 달걀흰자는 서늘한 곳에 둔다.
* 박력분은 체에 내린다.
* 오븐은 180℃로 예열한다.
* 판젤라틴은 얼음물에 불린다ⓐ.

◆ 규히求肥는 화과자의 재료 중 하나로, 찹쌀가루에 설탕과 물엿을 반죽한 것.

만들기

[비스킷 만들기]

1. 달걀흰자에 그래뉴당을 두 번 나눠서 넣고, 그때마다 핸드믹서로 뿔이 확실히 설 때까지 휘핑한다ⓑ.
2. 1에 달걀노른자를 넣고 핸드믹서로 잘 섞는다.
3. 박력분을 두 번 나눠서 넣고, 그때마다 고무주걱으로 잘 섞는다ⓒ.
4. 3을 지름 1㎝ 원형깍지를 낀 짤주머니에 넣고, 유산지 위에 지름 5㎝ 크기로 짜낸다ⓓ. 분당을 두 번 뿌린다ⓔ.
5. 180℃로 예열한 오븐에서 10~12분간 굽는다.

[무스 만들기]

6. 감은 껍질을 벗기고 적당한 크기로 자른다. 핸드블렌더 등으로 퓌레 상태로 만든다. 그래뉴당을 넣고 섞는다.
7. 6을 작은 냄비에 넣고 약불을 켠 다음 60℃까지 가열한다.
8. 물에 불린 판젤라틴은 물기를 꽉 짜고, 7에 넣고 녹인다. 볼에 옮긴 후 바닥에 얼음물을 받치고 20℃까지 식힌다ⓕ. 키르슈를 넣고 섞는다.
9. 다른 볼에 생크림을 넣고 80% 휘핑한다ⓖ.
10. 8에 9를 넣고 거품기로 섞는다ⓗ. 마지막에는 고무주걱으로 잘 섞는다.
11. 10을 틀에 절반 정도 넣는다. 얇게 썬 감을 틀 중앙에 올리고ⓘ, 남은 10을 넣는다.
12. 5의 비스킷을 틀 크기에 맞게 자르고ⓙ, 11 위에 올린 후 냉동실에서 차갑게 굳힌다(냉동해야만 틀에서 빼낼 수 있다).
13. 규히 생지에 묻은 가루를 붓으로 털어내고, 틀에서 꺼낸 12를 규히 생지로 감싼다ⓚ.

자몽의 새콤쌉싸름한 맛, 에스프레소의 쓴맛, 코코아의 달곰씁쓸한 맛이 나는 비스킷에 홍시의 진한 단맛을 더했다. 비스킷은 에소프레소를 넣어도 눅눅해지지 않도록 가루를 넉넉하게 배합한 것이 포인트다.

감과 자몽 티라미수

재료 지름 7㎝×높이 9㎝ 컵 2개 분량

감(홍시) … 160g(약 1개)
자몽 … ½개
에스프레소 … 적당량

[코코아 비스킷]
달걀흰자 … 40g
그래뉴당 … 25g
달걀노른자 … 15g
A 박력분 … 30g
  코코아파우더 … 5g
분당 … 3g

[마스카르포네 크림]
B 마스카르포네 … 120g
  생크림(유지방 45%) … 120g
  그래뉴당 … 30g
코코아파우더 … 적당량

준비

* 달걀흰자는 서늘한 곳에 둔다.
* A는 체에 내린다.
* 오븐은 180℃로 예열한다.

만들기

[코코아 비스킷 만들기]

1. 달걀흰자에 그래뉴당을 두 번 나눠서 넣고, 그때마다 핸드믹서로 저으면서 뿔이 확실히 설 때까지 휘핑한다.
2. 1에 달걀노른자를 넣고 핸드믹서로 잘 섞는다.
3. 2에 A를 넣고 고무주걱으로 잘 섞는다.
4. 지름 1㎝ 원형깍지를 낀 짤주머니에 3을 넣고, 지름 5㎝ 크기로 짜낸다ⓐ. 분당을 두 번 뿌린다ⓑ.
5. 180℃로 예열한 오븐에서 12~15분간 굽는다(수분이 조금 날아갈 정도로 바삭하게 굽는다).

[마스카르포네 크림 만들기]

6. 볼에 B를 넣고, 거품기로 찰기가 생길 때까지 휘핑한다.

[감 퓌레 만들기 · 마무리]

7. 감은 껍질을 벗기고 퓌레 상태가 될 때까지 핸드믹서로 간다.
8. 5의 비스킷 2개를 준비한다. 한쪽 면에 에스프레소를 얇게 바르고 컵의 바닥에 깐다. 6의 마스카르포네 크림을 그 위에 짜낸다ⓒⓓ(숟가락으로 올려도 된다).
9. 7과 껍질을 벗긴 자몽을 올린다ⓔ(옆에서 봤을 때 먹음직스럽도록 두껍게 올린다).
10. 남은 5의 양면에 에스프레소를 바르고 9에 얹는다.
11. 마스카르포네 크림, 감 퓌레와 자몽, 코코아 비스킷 순서로 컵에 담는다.
12. 코코아파우더를 체에 내리면서 뿌린다.

ⓐ

ⓑ

ⓒ

ⓓ

ⓔ

감과 통카콩 블랑망제

통카콩은 중남미산 콩과 식물 종자로, 바닐라와 살구씨처럼 이국적인 향이 강하다. 요즘은 프랑스 과자를 만들 때 초콜릿 무스 등에 통카콩을 넣는 것이 트렌드다. 콩 향이 많이 나는 디저트를 만들고 싶어서, 감을 곁들인 블랑망제를 만들어봤다. 마지막에 레몬과 민트로 장식해 뒷맛을 상큼하게 만들었다.

재료 지름 8㎝×높이 6㎝ 컵 2개 분량

감(연시) … 적당량
A 우유 … 125g
생크림(유지방 35%) … 100g
통카콩 … ½알
그래뉴당 … 30g
판젤라틴 … 3g
레몬껍질(간 것) … 약간
민트 잎 … 약간

준비

* 판젤라틴은 얼음물에 불린다ⓐ.
* 통카콩은 얇게 썬다.

만들기

1. 작은 냄비에 A를 넣고 끓어오르기 직전까지 데운다ⓑ. 뚜껑을 덮고 15분간 잔열과 증기로 통카콩 향을 입힌다.
2. 1에 그래뉴당을 넣고 섞는다. 약불을 켜고 60℃까지 데운다.
3. 물에 불린 판젤라틴은 물기를 꽉 짜고, 2에 넣어 녹인다.
4. 3을 체에 거르면서 볼에 옮긴다. 볼 바닥에 얼음물을 받치고 고무주걱으로 천천히 저으면서 식힌다ⓒ.
5. 살짝 걸쭉해지면 컵에 붓고, 냉장실에서 차갑게 굳힌다.
6. 감은 껍질을 벗겨서 깍둑썰기하고, 간 레몬껍질과 함께 섞는다.
7. 차갑게 굳은 5 위에 6을 올리고, 민트 잎으로 장식한다.

감잼 4종

감은 당도가 높아서 감잼을 만들 때 설탕을 감 중량의 30%만 넣으면 된다. 다만 금방 상해서 가능한 한 빨리 먹어야 한다. 잼에 가미하는 유자는 씁쓸한 신맛이, 재스민차는 이국적인 향이, 로즈메리는 상큼하고 시원한 향이 매력적이다. 팬케이크나 아이스크림, 요거트와 함께 먹으면 맛이 한층 배가된다.

감 바닐라 잼

재료 만들기 쉬운 분량

감(홍시) … 400g
그래뉴당 … 120g
바닐라빈 … 3㎝ 정도
※세로로 칼집을 내 씨를 긁어낸다ⓐ. 껍질도 사용한다.

만들기

1. 감은 껍질을 벗기고 잘게 자른 후 그래뉴당으로 버무린다. 1시간 정도 재우면서 물기를 빼낸다ⓑ.
2. 1에 바닐라빈 껍질과 씨를 넣고 약한 중불을 켠다. 끓어오르면 거품을 걷어내고, 중간중간 저어 가면서 걸쭉해질 때까지 졸인다ⓒⓓⓔ(너무 졸지 않도록 주의할 것).
3. 냉동실에 얼려둔 바트에 떨어트렸을 때 잼이 흐르지 않으면 완성이다ⓕ. 뜨거울 때 열탕 소독한 병에 넣는다.

보관 기간

• 냉장실에서 약 10일.

감 플레이버 잼
(유자/재스민차/로즈메리)

만들기

만들기 1~2는 감 바닐라 잼과 같다(단, 바닐라빈은 사용하지 않는다).

감 유자 잼

걸쭉해지면 유자즙 2T와 가늘게 채썬 유자껍질 1t를 넣고 섞는다.

감 재스민차 잼

걸쭉해지면 잘게 부순 재스민차 잎 1t를 넣고 섞는다.

감 로즈메리 잼

걸쭉해지면 잘게 썬 로즈메리 1t를 넣고 섞는다.

보관 기간

• 냉장실에서 약 10일.

선물용 초콜릿 과자를 떠올리고 곶감 로셰를 만들어보았다. 부드러운 수제 반건시가 아니라 단단한 시판용 곶감을 사용했다. 단맛이 강한 곶감과 구수한 아몬드를 화이트초콜릿으로 코팅해서, 한입 베어 물면 다양한 식감을 느낄 수 있다.

곶감 로셰

감잼과 화이트초콜릿의 환상적인 조화를 보여주고 싶어서, 프랑스 전통 과자 중 하나인 랑그드샤를 만들어보았다. 쿠키에 감잼을 직접 바르면 쿠키가 눅눅해지기 때문에 화이트초콜릿을 한 번 바른 후 감잼을 발랐다.

감잼 랑그드샤

곶감 로셰

재료 8~10개 분량

화이트초콜릿(파트 아 글라세) … 70g
※코팅 전용 초콜릿.

아몬드(슬리버드) … 20g
※세로로 자른 아몬드.

곶감(시판용) … 60g
갈아낸 깨 … 적당량

준비

* 아몬드는 180℃로 예열한 오븐에서 15분간 굽는다.

만들기

1. 볼에 화이트초콜릿을 넣고 55℃의 뜨거운 물에서 중탕으로 녹인다ⓐ.
2. 곶감은 잘게 다진다.
3. 1에 2와 아몬드를 넣고ⓑ, 섞는다ⓒ.
4. 유산지 위에 3을 숟가락으로 떠서 올린다.
5. 초콜릿이 굳기 전에 깨를 뿌린다ⓓ.

ⓐ

ⓑ

ⓒ

ⓓ

감잼 랑그드샤

재료 10개 분량

감잼(p. 85) … 50g
버터(무염) … 30g
분당 … 30g
박력분 … 20g
아몬드가루 … 10g
달걀흰자 … 30g
화이트초콜릿 … 20g

준비

* 모든 재료는 실온에 둔다.
* 분당, 박력분, 아몬드가루는 각각 체에 내린다.
* 오븐은 170℃로 예열한다.

만들기

1. 볼에 버터를 넣고 나무주걱으로 잘 젓는다. 분당을 넣고 잘 섞는다.
2. 달걀흰자를 푼다. 1에 네다섯 번 나눠서 넣고, 그때마다 잘 섞는다.
3. 2에 아몬드가루를 넣고 나무주걱으로 잘 섞는다.
4. 3에 박력분을 넣고 나무주걱으로 잘 섞는다ⓐ.
5. 입구 1㎝ 원형깍지를 낀 짤주머니에 4를 넣고, 유산지 위에 지름 3㎝ 크기로 짜낸다. 3㎝ 간격을 두고 계속해서 짜낸다ⓑⓒ(유산지에 지름 3㎝ 원형을 그려놓으면 편하다).
6. 170℃로 예열한 오븐에서 10~15분간, 가장자리가 옅은 갈색을 띨 때까지 굽는다(골고루 구워지지 않을 경우는 중간에 오븐 틀의 방향을 바꿔준다).
7. 화이트초콜릿을 55℃의 뜨거운 물에 중탕으로 녹인다.
8. 6의 안쪽에 7을 얇게 바르고ⓓ, 감잼을 발라 완성한다ⓔ.

ⓐ

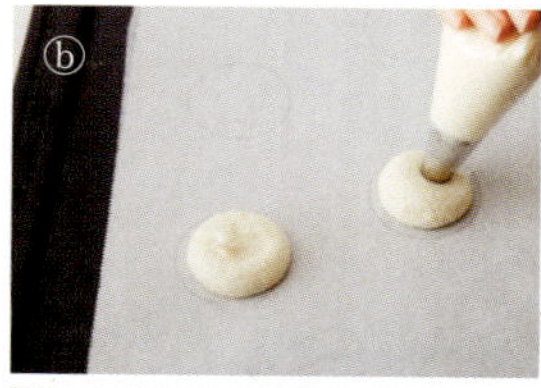
ⓑ

ⓒ

ⓓ

ⓔ

재료 가로 4.5㎝×세로 23㎝×높이 6.5㎝ 슬림 파운드 틀 1개 분량

감(단감~반연시) … 100g(½개)
감 바닐라 잼(p. 85) … 80g
버터(무염) … 70g
그래뉴당 … 50g
달걀 … 60g
생강(잘게 다진 것) … 5g
A 박력분 … 55g
아몬드가루 … 15g
베이킹파우더 … 2g

준비

* 모든 재료는 실온에 둔다.
* 오븐은 180℃로 예열한다.
* 틀에 유산지를 깐다. 또는 버터(무염, 분량 외)를 바르고 강력분(분량 외)을 뿌린다.
* A는 체에 내린다.

만들기

1. 볼에 버터를 넣고 부드러워질 때까지 나무주걱으로 젓는다.
2. 1에 그래뉴당을 세 번 나눠서 넣고, 그때마다 나무주걱으로 섞는다.
3. 2에 달걀을 조금씩 넣으면서 나무주걱으로 섞는다. 잘게 다진 생강을 넣고 더 섞는다.
4. 3에 A를 세 번 나눠서 넣고, 그때마다 나무주걱으로 섞는다.
5. 4의 생지를 짤주머니에 넣고(모양깍지는 끼우지 않아도 된다), 틀에 조금 짜낸 다음 고르게 다듬는다. 그림 1
6. 잼을 짤주머니에 넣고, 틀 오른쪽 가장자리에 한 줄 짜낸다(잼이 틀에 묻으면 탈 수 있으므로 조금 안쪽에 짜낸다)ⓐ. 그림 2
7. 생지를 그 옆에 짜낸다ⓑ. 그림 3
8. 잼을 왼쪽 가장자리에 한 줄 짜낸다ⓒ. 그림 4
9. 생지와 잼을 쌓아 올리듯 반복해서 짜낸다ⓓ. 그림 5~9. 표면을 정리한다ⓔ. 맨 위에 슬라이스한 감을 올린다ⓕ. 그림 10
10. 180℃로 예열한 오븐에서 45분간 굽는다.

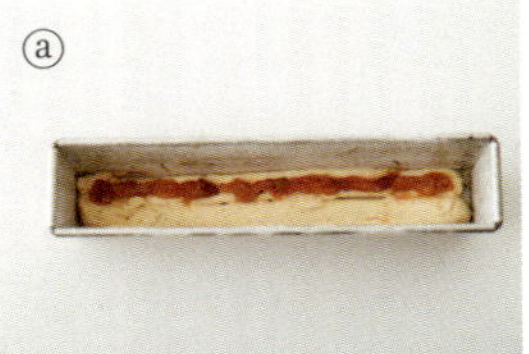

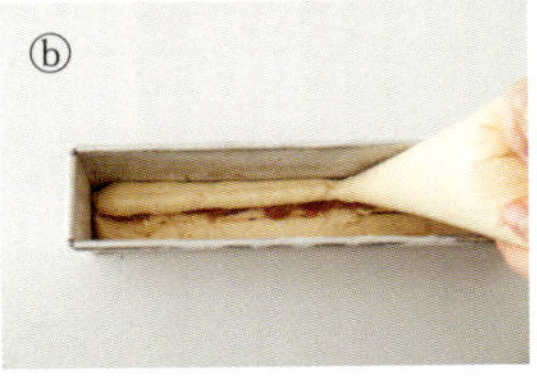

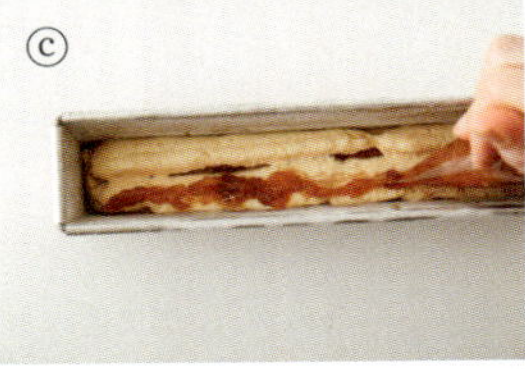

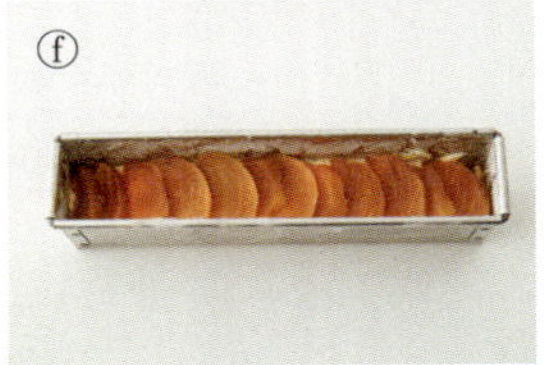

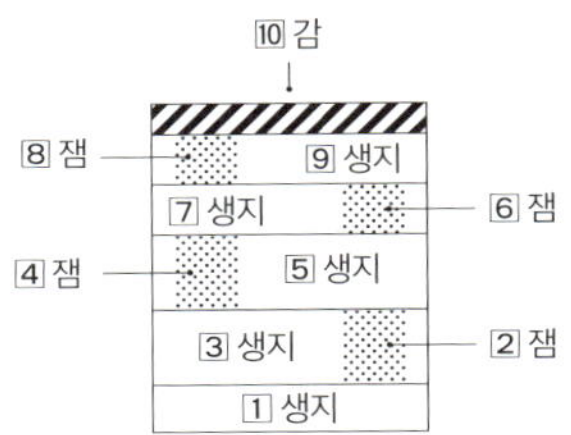

1 생지→2 잼→3 생지→4 잼→5 생지→6 잼→7 생지→8 잼→9 생지→10 감

생강을 너무 많이 넣으면 감 맛이 사라지므로 조금만 넣는 것이 포인트다. 감 잼 중에서도 바닐라만 넣은 심플한 감 바닐라 잼이 이 케이크와 잘 어울린다. 어디를 베어 물어도 감 맛이 나도록 잼을 번갈아 가면서 넣었다.

감과 생강 파운드케이크

감 트로페지엔

트로페지엔은 프랑스 남부에 있는 생트로페에서 유래한 디저트다. 원래 레시피는 커스터드 크림과 버터를 섞은 크렘 무슬린을 브리오슈에 샌드하는 것이다. 그러나 여기에서는 감을 넣으면 조금 무거운 느낌이 생길 것 같아서, 커스터드 크림과 생크림을 섞은 디플로매트 크림을 사용했다.

감 트로페지엔

재료 8개 분량

감 … 1개
감 바닐라 잼(p. 85) … 200g

[브리오슈]

버터(무염) … 70g

A 달걀 … 70g
 달걀노른자 … 18g
 우유 … 50g

B 준강력분 … 170g
 소금 … 2g
 그래뉴당 … 25g

드라이 이스트 … 3g
달걀물 … 적당량
우박설탕 … 적당량

[디플로매트 크림]

커스터드 크림 … 만들기 쉬운 분량

C 달걀노른자 … 50g
 그래뉴당 … 50g

옥수수 녹말 … 12g

D 우유 … 200g
 바닐라빈 … 2㎝
 ※세로로 칼집을 내 씨를 긁어낸다. 껍질도 사용한다.

생크림(유지방 45%) … 60g

[시럽]

E 물 … 10g
 오렌지 큐라소 … 5g
 그래뉴당 … 13g

준비

* 버터는 얇게 썰어서 냉장실에 보관한다.
* 틀에 유산지를 깐다.

만들기

[브리오슈 만들기]

1. 볼에 A를 넣고 거품기로 섞는다.
2. 다른 볼에 B를 넣고 고무주걱으로 잘 섞는다. 드라이 이스트를 넣고 섞는다.
3. 2에 1을 조금씩 넣으면서 고무주걱으로 섞고ⓐ, 전체적으로 잘 섞였으면 손으로 반죽한다.
4. 3을 도마 위로 옮겨서, 반죽이 달라붙지 않을 때까지 손으로 15분 정도 반죽한다ⓑ.
5. 버터는 밀대로 두드려서 부드럽게 만든다ⓒ.
6. 5를 서너 번에 나눠서 4의 생지에 넣고, 그때마다 잘 반죽한다ⓓ.
7. 생지를 동그랗게 정리하고, 오므려 닫은 면이 아래에 가게 볼에 넣는다. 랩으로 감싼 후 90~120분 정도, 두 배로 부풀 때까지 발효시킨다(오븐에 발효기능이 있으면 30℃로 설정한 후 발효시킨다).
8. 7을 주먹으로 쳐서 가스를 빼고ⓔ, 다시 하나로 뭉친 다음 볼에 넣는다. 랩으로 감싼 후 냉장실에서 반나절(12~20시간) 저온 발효시킨다.
9. 8의 생지를 8개로 나눈 후 동그랗게 모양을 잡고 틀에 올린다ⓕ.
10. 9를 60분간 발효시킨다. 두 배로 부풀면 다 된 것이다(오븐에 발효기능이 있으면 30℃로 설정한 후 발효시킨다).
11. 10의 표면에 달걀물을 묻히고 우박설탕을 뿌린 후ⓖ, 180℃로 예열한 오븐에서 15분간 굽는다.

[디플로매트 크림 만들기]

12. 우선 커스터드 크림을 만든다. 볼에 C를 넣고 거품기로 잘 섞는다. 옥수수 녹말을 넣고 더 섞는다.
13. 작은 냄비에 D를 넣고 끓기 직전까지 데운 다음 체에 거르면서 12에 넣는다ⓗ.
14. 약한 중불을 켜고, 거품기로 저으면서 가열한다. 보글보글 끓어오르면(양이 적기 때문에 타지 않게 주의할 것) 불을 끄고 볼에 옮긴다. 바닥에 얼음물을 받치고 가볍게 저으면서 식힌다ⓘ.
15. 생크림을 80% 휘핑하고, 14의 커스터드 크림에 넣은 후 잘 섞이도록 거품기로 젓는다ⓙ.

[마무리]

16. 볼에 E를 넣고, 거품기로 잘 섞어 그래뉴당을 녹인다.
17. 11의 브리오슈를 가로로 반 자른 후 자른 면에 16의 시럽을 바른다ⓚ.
18. 바닥 쪽 브리오슈에 15를 1/8씩 올리고, 잼 1/8과 반달썰기한 감을 올린다ⓛ. 위쪽 브리오슈로 덮는다.

감 클라푸티

클라푸티는 커스터드 생지나 타르트 생지에 과일을 넣고 구운, 매일 먹고 싶은 디저트다. 여기에서는 감과 균형을 맞추기 위해서 사워크림과 우유를 메인으로 한 새콤하고 담백한 생지를 만들었다. 오렌지 큐라소를 넣어서 상쾌한 맛을 더했다. 감은 너무 무르지도 않고 너무 단단하지도 않은 것을 추천한다.

재료 바닥 13㎝×입구 17㎝×높이 5㎝ 내열 용기 1개 분량

감 … 200g(큰 것 1개)

A 우유 … 50g
사워크림 … 50g
바닐라빈 … 2㎝
※세로로 칼집을 내 씨를 긁어낸다. 껍질도 사용한다.

달걀 … 75g

그래뉴당 … 70g

옥수수 녹말 … 7g

오렌지 큐라소 … ½t

준비

* 오븐은 190℃로 예열한다.

만들기

1. 작은 냄비에 A를 넣고 약불을 켠다ⓐ.
2. 사워크림이 녹으면 불을 끄고 열을 식힌다. 차가워지면 바닐라빈과 씨를 건져낸다.
3. 볼에 달걀을 넣고 거품기로 섞는다. 그래뉴당을 넣고 섞는다. 옥수수 녹말도 넣고 섞는다.
4. 2를 3에 넣고 거품기로 섞는다. 오렌지 큐라소를 넣고 더 섞는다.
5. 감을 한입 크기로 큼직하게 썰고, 내열 용기에 넣는다ⓑ.
6. 4를 5에 붓고ⓒ, 190℃로 예열한 오븐에서 30분간 굽는다.

ⓐ

ⓑ

ⓒ

내가 매우 좋아하는 대만식 파인애플 케이크 펑리수에서 힌트를 얻은 케이크다. 진하고 쫀득한 반건시를 사용했다. 바삭한 생지와 쫀득한 반건시의 조화가 이루 말할 수 없이 좋아서, 가장 추천하는 레시피다. 파인애플의 신맛은 레몬으로 대체했다. 여기에서는 펑리수 전용 틀을 사용했지만, 틀이 없어도 만들 수 있다.

대만식 곶감 케이크

재료 가로세로 4.5㎝ 사각 틀 10개 분량

곶감(반건시) … 170g
버터(무염) … 80g
분당 … 30g
달걀 … 30g
A 아몬드가루 … 15g
| 박력분 … 130g
B 레몬즙 … 5g
| 레몬껍질(잘게 썬 것) … ¼개 분량

준비

* 펑리수 전용 틀이 있으면 준비한다.
* 재료는 실온에 둔다.
* A는 한데 합쳐 체에 내린다.
* 틀에 버터(무염, 분량 외)를 바르고 강력분(분량 외)을 뿌린다.

만들기

1. 볼에 버터를 넣고 고무주걱으로 젓는다. 버터가 크림 상태가 됐을 때 분당을 넣고 더 섞는다.
2. 1에 달걀을 조금씩 넣고 섞는다. A를 세 번 나눠서 넣고 나무주걱으로 잘 섞는다. 마지막에는 하나로 뭉쳐지도록 손으로 반죽한다ⓐ.
3. 2의 생지를 랩으로 감싸고ⓑ, 냉장실에서 1시간 이상 휴지한다.
4. 곶감을 칼로 두드려서 페이스트 상태로 만들고, B와 섞는다.
5. 3을 10등분하고, 밀대로 지름 8㎝가 되도록 민다ⓒ. 3의 생지에 4를 10등분해서 올리고, 주름을 잡아가면서 감싸듯이 싼다ⓓ. 나머지 9개도 마찬가지로 싼다.
6. 틀에 5를 넣고ⓔ, 누름판으로 누르고ⓕ, 모양을 정리한다ⓖ. 냉장실에 30분 이상 넣어둔다.
7. 180℃로 예열한 오븐에서 15분간 굽는다. 뒤집어서 10분 더 굽는다.
   * 다 구운 후 틀에서 꺼내지 않고 그대로 식히면 부풀지 않고 모양이 예쁘게 유지된다ⓗ.

ⓐ

ⓑ

ⓒ

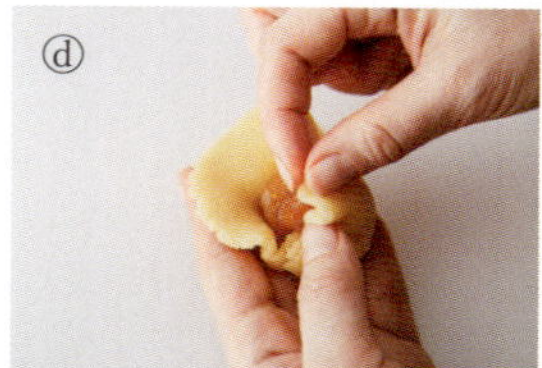
ⓓ

ⓔ

ⓕ

ⓖ

ⓗ

틀이 없는 경우

만들기 1~4까지는 똑같다. 10등분한 3의 생지에 10등분한 4를 넣고, 동그랗게 모양을 잡는다. 달걀노른자와 흰자를 각각 15g씩 섞은 후 표면에 바른다. 180℃로 예열한 오븐에서 20~25분간 굽는다.

곶감 퐁당 쇼콜라

감은 진한 초콜릿 맛에 뒤지지 않는 곶감을 사용했다. 초콜릿은 여러 번 시도한 결과 카카오 함유량 56%를 추천한다. 소량의 카다멈파우더도 빠질 수 없다. 포인트는 꾸덕한 식감이다. 오븐에 따라서 굽는 시간이 미묘하게 달라지므로 상태를 확인해가며 적당한 시간을 찾아보자.

재료 바닥 지름 4.2㎝×높이 4㎝ 푸딩 컵 4개 분량

곶감(반건시) … 80g

A 제과용 스위트초콜릿 … 100g
※여기에서는 발로나 브랜드의 카카오 56% 제품을 사용했다.
버터(무염) … 70g

그래뉴당 … 70g

달걀 … 55g

카다멈파우더 … ½t

준비

* 재료는 실온에 둔다.
* 오븐은 180℃로 예열한다.
* 컵 바닥과 측면에 버터(무염, 분량 외)를 바르고, 측면에 유산지를 댄다ⓐ.

만들기

1. 볼에 A를 넣고, 55℃의 뜨거운 물에서 중탕으로 녹인다.
2. 1이 녹으면 그래뉴당을 넣고 거품기로 섞는다. 달걀을 조금씩 넣으면서 더 섞는다.
3. 2에 카다멈파우더를 넣고 섞는다.
4. 곶감을 칼로 두드려서 페이스트 상태로 만든다.
5. 3을 푸딩 컵의 절반 정도 넣고, 4를 1T 정도 올린다ⓑ. 3을 더 넣는다ⓒ(1컵당 70g, 곶감은 20g이 적당하다).
6. 180℃로 예열한 오븐에서 10분간 굽는다. 측면이 단단하게 구워지지 않았다면 10초씩 더 가열하면서 상태를 확인한다.

ⓐ

ⓑ

ⓒ

맛이 진하게 응축된 건조된 감은 그대로 먹어도 충분히 맛있지만, 초콜릿을 코팅하면 더욱 더 맛있어진다. 초콜릿은 스위트부터 다크까지 취향대로 선택하면 된다. 화이트초콜릿으로도 맛있게 만들 수 있다. 와인 안주로도 좋은 과자다.

초콜릿 코팅 반건조 감

재료 만들기 쉬운 분량

감 … 1~2개
초콜릿(파트 아 글라세) … 적당량
※코팅 전용 초콜릿.

준비

* 오븐은 100℃로 예열한다.
* 틀에 유산지를 깐다.

만들기

1. 감은 껍질을 벗기고 두께 5㎜가 되도록 썬다. 유산지를 깐 틀에 올린다ⓐ.
2. 100℃로 예열한 오븐에서 90분간 굽는다.
3. 초콜릿을 55℃의 뜨거운 물에 중탕으로 녹이고, 2를 절반 정도 담가서 코팅한다ⓑ.

이 책에서 가장 쉬운 감 디저트 레시피다. 불도 쓰지 않는다. 맛이 진하기 때문에 큰 감보다는 작은 감을 추천한다. 이 디저트를 상자에 넣으면 귀여운 선물이 된다.

곶감 버터 럼레이즌

재료 4개 분량

곶감(시판용) … 4개
A 버터(무염) … 40g
  분당 … 30g
크림치즈 … 80g
럼레이즌 … 18g

준비

* 재료는 실온에 둔다.
* 럼레이즌은 키친타월로 물기를 제거한다.

만들기

1. 볼에 A를 넣고 핸드믹서로 섞는다.
2. 1에 크림치즈를 넣고 핸드믹서로 섞는다.
3. 2에 럼레이즌을 넣고 고무주걱으로 섞는다ⓐ.
4. 지름 1㎝ 원형깍지를 낀 짤주머니에 2를 넣는다.
5. 곶감 윗부분을 잘라내고, 씨를 제거하면서 속을 파낸다ⓑ. 4의 버터 럼레이즌을 곶감 속에 채워 넣는다ⓒ.

ⓐ

ⓑ

ⓒ

많은 사람들에게 사랑받는 '이치카와 농원' 견학 리포트

가나가와현 에비나시의 '이치카와 농원'은 주택가에 있으며, 지역 토박이들에게 사랑받는 농원이다. 이치카와 집안은 에도시대 때부터 농업을 해온 가문이다. 현재 사장인 이치카와 스스무 씨는 13대째 가업을 이어오고 있다. 가족 네 명이 농원을 꾸려나가는데, 스스무 씨는 주로 블루베리나 무화과, 감 같은 과일나무 재배를 도맡고 있다. 스스무 씨의 할머니이자 농업 스승인 88세 요시에 씨는 채소를 담당하고, 아버지 하가시 씨는 쌀을, 어머니인 가즈미 씨는 가공 분야를 책임지고 있다.

글도 깨우치기 전에 할머니 등에 업혀서 밭에 나왔다는 스스무 씨는, 어릴 때부터 농사일을 매우 좋아했다고 한다. 유치원에 다닐 무렵에는 누가 시키지 않아도 톱이나 가위를 손에 쥐고 가지치기와 수확을 도왔다. 초등학생이 되고서는 배에 종이를 씌우고, 과일나무의 수분受粉 작업을 하고, 조그만 열매를 따면서 할머니의 오른팔 역할을 톡톡히 해냈다. 도서관에서 열대과일을 다룬 책을 빌리고, 다른 나라의 과일에 대해 끝없이 공부하고 조사했다.

"그 시절 제 취미는 과일나무 묘목을 모으는 거였어요. 과일을 키우는 것도, 먹는 것도 매우 좋아했죠."

도호쿠 대학 농학부 대학원을 다닐 때는 유전자 변형 기술을 활용해 볏짚에서 바이오에탄올을 만들어내는 연구를 했다. 대학원을 졸업한 후 본가로 돌아와 가업을 잇고 싶었지만, 농업 하나로 먹고살긴 힘들 것 같아서 회원제로 채소를 배송해주는 회사에 취직했다. 직장생활을 하면서도 주말이면 본가에 가서 농사일을 거들었다. SNS에 그날의 수확물과 느낌을 적었더니 '구매하고 싶다' '맛있어 보인다'라는 댓글이 많이 달렸다.

"그때 열심히 과일나무를 키웠던 어린 시절이 떠올랐어요."

수많은 농사일 중에서도 어린 스스무 씨가 가장 좋아하던 일은, 밭에 채소나 과일을 사러 온 손님들을 접대하는 일이었다. 손님들은 스스무 씨가 정성껏 키운 과일을 사러 와서 맛있다고 말해주곤 했다.

"그때 제가 느꼈던 순수한 감정을 SNS를 통해서 다시 느끼게 된 겁니다."

직장인 3년 차 때 농장을 운영하면서 직접 손님을 만나고 싶다는 결심을 했다. 이렇게 가업을 잇게 된 것이다.

이치카와농원의 '부유감'은 많은 사람에게 사랑받는 만큼 전국에서 많은 주문이 들어온다. 신기하게도 실온에 보관해도 쉽게 무르지 않아서, 단감을 좋아하는 사람들에게 뜨거운 사랑을 받고 있다.

"우리 감이 단단하고 후숙하는 데 시간이 걸리는 이유는 토양에 칼륨이 많고, 과일의 세포가 단단하기 때문입니다. 씨가 없는 감은 쉽게 무르는데, 우리 감은 대부분 씨가 있지요."

그러나 부유감은 암꽃만 피는 조금은 신기한 식물

이다. 암꽃만 핀다는 것은 수분을 하지 않는다는 것이다. 수술의 화분이 암술머리에 옮겨붙지 않으면 과일은 씨가 없게 되는데, 그러면 커가면서 나무에서 떨어질 가능성이 커진다. 그것을 방지하려면 수분용 나무를 따로 심어서 벌이 수분할 수 있도록 해야 한다. 이치카와 농원에서는 이 수분용 나무로 '선사환'이라는 감을 심었다. 이것은 부유감이 전국에 유통되기 전, 1930년대 초에 가정집 식탁에 자주 오르던 감이다. 작고 단단하고 감칠맛이 있지만, 맛이 떫은 감도 많았다. 그래서 결국 선사환은는 부유감에게 밀리고 말았다.

이치카와 농원의 부유감은 선사환의 유전자를 이어받아, 과육이 단단하지만 약간의 떫은맛이 남아 있다. 이 농원에서는 부유감 열 그루당 선사환 한 그루를 심어놓고 있다. 이것은 일반적인 재배법 기준으로 보면 상당히 많은 수다.

"식물에게 일생의 가장 큰 이벤트가 무엇인지 아십니까?"

생글생글 웃으면서 우리에게 이런 질문을 한 스스무 씨. 답은 꽃을 피우는 것이다. 나무는 온 힘을 다해서 꽃을 피운다. 그래서 이치카와 농원에서는 꽃이 피기 직전인 꽃봉오리일 때 나무의 가지를 잘라서 소수의 꽃에만 영양을 집중시킨다. 대체로 가지 하나당 20개의 꽃봉오리가 있는데, 그것을 3개 정도만 남긴다고 한다. 그 결과 나무에 부담이 줄어들어서 단맛과 감칠맛이 깊은 과일이 열리는 것이다. 그러나 나무에 병이 나거나 태풍 등의 자연재해로 꽃이 피지 않을 위험도 있어서, 대부분의 농가는 열매를 맺고 나서 가지치기를 한다고 한다. 하지만 스스무 씨는 '그래도 각오를 다잡고 가지를 쳐야 한다'고 말한다.

그리고 여름에는 다음 해에 좋은 과일을 얻기 위해서 가지 뿌리를 비틀어 약하게 만든 다음, 식물 호르몬을 방출시키는 작업을 한다.

"사람과 마찬가지예요. 한 번 시련을 겪어야 높은 경지에 이를 수 있잖아요."

이치카와 농원의 감이 맛있는 이유는 하나 더 있다. 그것은 '대부분의 나무가 60년 이상은 되었다'는 것이다.

"어린나무는 영양분이 꽃으로 가지 않고 줄기나 잎으로 갑니다. 이것은 제가 직접 터득한 것인데, 나무 나이가 50년 이상이 되면 자신을 성장시키기보다는 자손을 남기는 데 집중하지요. 그래서 과일 맛이 좋아지는 겁니다."

60년이 넘은 감나무가 있다는 것은 스스무 씨의 할아버지나 아버지가 부유감의 미래를 내다보고 판단했다는 뜻이기도 하다.

"제가 할 일은 이치카와 농원에 있는 나무들이 조금이라도 더 건강하고 오래 살 수 있도록 도와주는 것입니다."

그의 말대로, 앞으로도 이치카와 가족들은 우리에게 맛있는 감을 보내줄 것이다.

취재 당일, 자신의 키보다 큰 구멍을 판 요시에 씨. 지금도 태풍이 불 때나 여행을 떠나는 경우를 제외하고는 매일 밭에 나와 일을 한다고 했다. "저는 할머니께 농업 영재수업을 받았다고 할 수 있어요." 장난스럽게 웃으면서 말하는 스스무 씨. 왼쪽부터 히가시, 요시에, 가즈미, 스스무 씨. 녹음이 짙은 한여름의 감밭에서.

잘 여문 부유감. 단맛이 깊고 진하다.

신사환. 타닌이 굳어서 생긴 검은색 반점은 지금이 먹을 때라는 증거다.

▶ 홈페이지
https://ichikawanouen.com

▶ 인스타그램
https://www.instagram.com/farm.ichikawa/?hl=ja

▶ 트위터
https://twitter.com/farm_ichikawa

기본 재료와 조금 특별한 재료

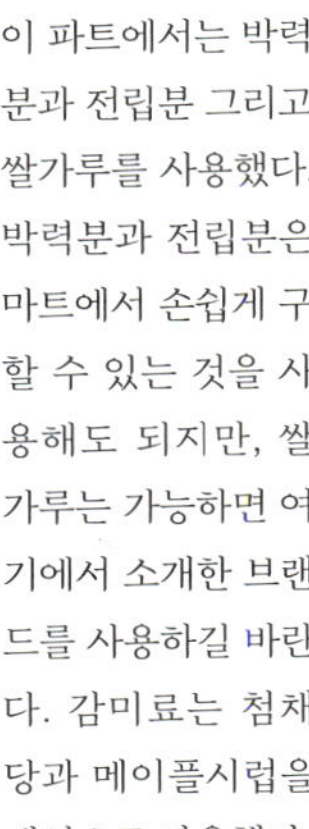

이 파트에서는 박력분과 전립분 그리고 쌀가루를 사용했다. 박력분과 전립분은 마트에서 손쉽게 구할 수 있는 것을 사용해도 되지만, 쌀가루는 가능하면 여기에서 소개한 브랜드를 사용하길 바란다. 감미료는 첨채당과 메이플시럽을 메인으로 사용했다.

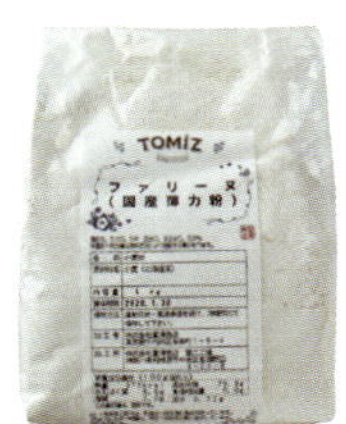

파리누(박력분)

에베쓰 제분의 100% 홋카이도산 과자용 박력분이다. 폭신하고 가볍게 완성되는 것이 특징이다.

과자용 전립분(박력분)

박력밀을 통째로 간 전립분이다. 밀가루의 구수함과 약간의 산미 그리고 감칠맛이 있다.

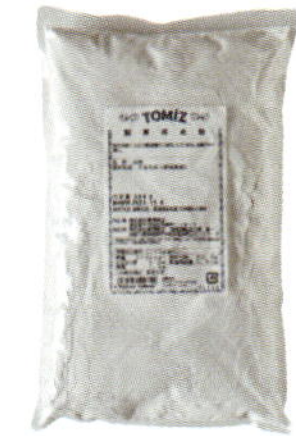

제과용 쌀가루

니가타현 멥쌀을 분말로 만든 것이라 밀가루처럼 양과자를 만들 때 사용하기 좋다. 스펀지케이크 등을 만들 때 기포가 생기지 않도록 잘게 제분되었다.

식물성 오일(현미유)

이 파트에서는 식물성 오일을 많이 사용했는데, 기토쿠 신료의 현미유인 '고메시보리'를 썼다. 일본산 쌀겨를 원료로 한 기름으로, 향이 강하지 않고 가볍게 완성된다.

베이킹파우더

팽창제는 럼포드 브랜드의 베이킹파우더를 사용했다. 알루미늄(명반) 무첨가가 특징이다.

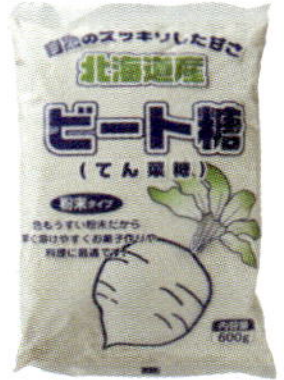

첨채당(비트슈거)

홋카이도산 사탕무(첨채, 비트 beet)를 원료로 한 감미료다. 향이 없어 맛이 깔끔하고 가루 상태에서도 잘 녹아 애용하고 있다. 과자나 빵을 만들 때뿐만 아니라, 여러 요리에도 사용할 수 있다. 섭취 후 혈당이 많이 올라가지 않아서 건강한 감미료로 주목받고 있다.

아가베시럽

'감 허브 마리네와 코코아 푸딩(p. 14)'에서는 바이오 액티브 재팬의 '오가닉 아가베시럽'을 사용했다. 아가베시럽은 블루 아가베(용설란)에서 채취한 에센스로, 천연 무첨가 감미료다. 섭취 후 혈당 상승이 낮아 건강한 감미료로 주목받고 있다. 깔끔한 단맛이 좋아서 자주 사용하고 있다.

메이플시럽

캐나다 디캐서 브랜드의 '메이플시럽'이다. 무첨가물 순도 100%다. 등급은 A. 대중적으로 인기 있는 앰버 컬러 리치 테이스트 등급이다. 풍미와 감칠맛이 좋아 이용하고 있다.

꿀

미엘리치아의 아카시아꿀이다. 이탈리아 북부의 피에몬테와 롬바르디아에서 채밀한 것이다. 맛이 깔끔하고 향이 강하지 않아 과자를 만들 때 제격이다. 유럽 유기농 인증 식품이다. 물론 시중에 나와 있는 꿀도 상관없지만, 순수한 꿀을 추천한다.

껍질 없는 아몬드가루

아몬드파우더라고도 부른다. 감칠맛을 내고 수분감이 있어 과자를 구울 때 자주 사용한다. 이 파트에서 과자를 만드는 데 중요한 역할을 했다.

바닐라빈

난초과의 식물 중 하나로 콩깍지 상태의 과실이다. 콩깍지에서 씨를 긁어내 향을 낼 때 사용한다. 대체품으로서 성분을 유출하고 용제를 녹여 향을 낸 바닐라오일이나 바닐라에센스 등이 있다.

기본 재료와 조금 특별한 재료

이 파트에서는 박력분 2종과 준강력분, 총 3종류의 밀가루를 사용했다. 굳이 똑같은 브랜드 제품을 사용할 필요는 없지만, 과자의 풍미나 식감 등을 고려해 참고하길 바란다.

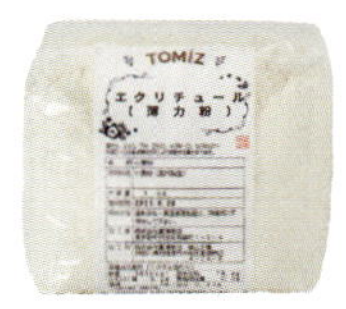

에크리튀르(박력분)

프랑스 과자 맛을 잘 표현하기 위해 프랑스산 밀가루를 100% 사용해 만든, 중력분에 가까운 박력분이다. 입자가 거칠고 수분이 없어서 반죽하기 어려운 것이 특징이다. 굽고 나면 바삭바삭 부서지는 식감으로, 굽는 과자에 딱 어울린다. 이 파트에서 '감과 요거트 무스(p. 56)', '곶감 페네트라(p. 68)', '감과 배 타르트(p. 74)'를 만들 때 사용했지만, 다른 박력분을 사용해도 된다.

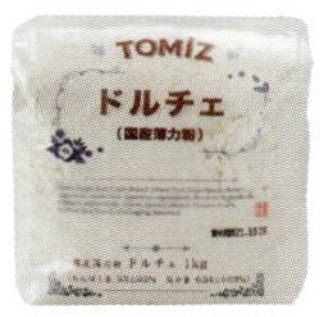

돌체(일본산 박력분)

홋카이도산 밀가루 100%의 과자용 박력분이다. 폭신하게 완성되지만, 박력분치고는 단백질이 많아서 식감이 가볍고 촉촉한 것이 특징이다. 밀가루 향과 풍미가 강한 것도 매력이다. 이 파트에서는 에크리튀르와 이 박력분을 사용했다.

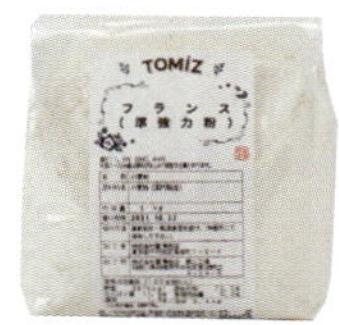

프랑스(준강력분)

프랑스 빵을 만드는 전용 밀가루다. 이 파트에서는 '감 트로페지엔(p. 93)'에서 브리오슈를 만들 때 사용했다. 잘 부풀고 탄력이 있는 것이 특징이다. 발효가 잘된 생지에는 리큐어가 잘 스며든다.

우박설탕

'감 트로페지엔(p. 93)'에서 토핑할 때 사용했다. '펄슈가'라고도 부른다. 바삭한 식감이 특징이다.

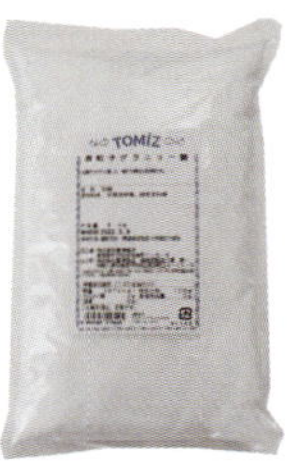

미립자 그래뉴당

이 파트에서는 단맛이 깔끔한 미립자 그래뉴당을 대부분 사용했다. 물론 일반 그래뉴당이나 상백당도 상관없지만, 미립자 그래뉴당을 사용하면 단맛이 진해지고, 과자를 구웠을 때 색도 조금 진해진다.

아몬드가루

아몬드파우더라고도 부른다. 아몬드를 분말 상태로 만든 것이다. 수분감을 주고 싶을 때, 감칠맛을 내고 싶을 때, 향을 조금 내고 싶을 때 사용하면 좋다.

카카오

발로나 브랜드의 제과용 초콜릿 '카카오 56%'를 '곶감 퐁당 쇼콜라(p. 100)'에서 사용했다. 물론 다른 브랜드의 제과용 초콜릿을 사용해도 되지만, 쓴맛과 단맛의 조화가 미묘하게 다르므로 가능하면 이 제품을 사용하길 바란다.

코팅 전용 초콜릿

'곶감 로셰(p. 86)' '감잼 랑그드샤(p. 87)'에서는 노벨비앙코를, '초콜릿 코팅 반건조 감(p. 102)'에서는 노벨비타라는 잘 녹는 코팅 전용 초콜릿을 사용했다. '파트 아 글라세Pâte à Glacer'라고 표기하기도 한다.

통카콩

'감과 통카콩 블랑망제(p. 82)'에서 사용했다. 중남미산 콩과 식물 종자로, 바닐라와 살구씨처럼 이국적인 향을 내는 쿠마린 성분을 함유하고 있다. '통카빈tonka bean'이라고도 불린다.

규히 생지

'쫀득한 감 무스(p. 78)'에서 사용한 규히 생지다. 상온에서 자연 해동해서 사용한다. '냉동 규히 크레이프冷凍ぎゅうひクレープ'라는 이름으로 판매되고 있다.

이 책에서 사용한 기본 도구

계량스푼
1T 15㎖, 1t 5㎖짜리 두 개단 있으면 충분하다.

볼
과자를 만들 때, 가루를 섞는 작업과 액체를 섞는 작업이 나오므로 두 개 있으면 편리하다.

전자저울
분량을 보다 정확하게 재기 위해 가능하면 전자저울을 준비하자.

푸드프로세서
'감과 요거트 무스(p. 56)', '곶감 페네트라(p. 68)'의 생지를 섞을 때 사용했다. 손으로 섞는 것보다 빠르고 정확하게 섞을 수 있어서 추천한다. 과자 만들기가 훨씬 즐겁고 쉬워진다.

거품기
〈건강한 감 디저트〉 파트에서는 가루를 섞을 때, 또는 가루와 액체를 섞을 때 사용했다. 〈고품격 감 과자〉 파트에서는 주로 생크림을 휘핑할 때 사용했다.

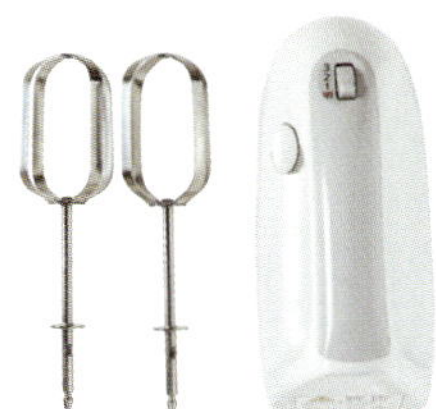

핸드믹서
〈고품격 감 과자〉에서 달걀이나 생크림을 휘핑할 때 사용했다. 손으로도 휘핑할 수 있지만, 핸드믹서가 있으면 편리해서 과자 만들기가 그만큼 쉬워진다. 〈건강한 감 디저트〉 파트에서는 쓰지 않았다.

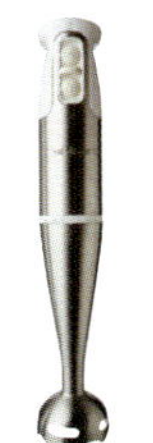

핸드블렌더
〈건강한 감 디저트〉 파트에서는 두부크림을 만들 때, 〈고품격 감 과자〉 파트에서는 퓌레를 만들 때 등 재료를 휘저어 페이스트 상태로 만드는 작업에 사용했다. 믹서를 써도 괜찮다.

나무주걱
〈고품격 감 과자〉 파트에서 단단한 버터를 부드럽게 만들 때 사용했다.

고무주걱
재료를 섞거나 퍼 올릴 때는 단단한 고무주걱을 사용한다. 소량의 재료로 작업할 때는 크기가 작은 고무주걱이 편리하다.

스패출러
크림을 바르는 도구다. 〈고품격 감 과자〉에서는 과자의 크기나 바르는 분량에 따라 3가지로 나눠서 사용하지만, 만약 하나만 사려고 한다면 30㎝의 중간 사이즈를 추천한다.

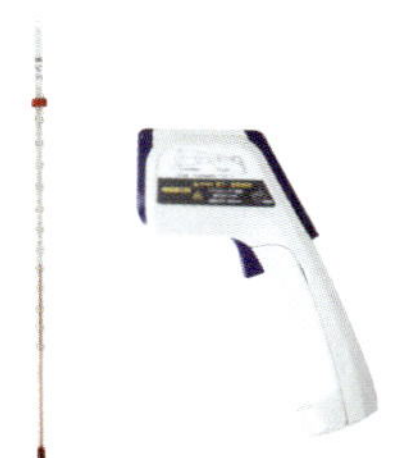

온도계
왼쪽) 200℃까지 측정할 수 있는 유리 재질의 요리용 온도계다.

오른쪽) 적외선 방사 온도계다. -30~550℃까지 측정할 수 있다. 빠르고 정확하게 온도를 잴 수 있어서 〈고품격 감 과자〉를 만들 때 유용하게 쓰였다.

유산지
오븐 판에 깔기도 하고, 틀어서 과자를 쉽게 꺼내기 위해 사용한다. 특히 틀에 유산지를 깔면 생지 표면이 매끄럽게 완성된다.

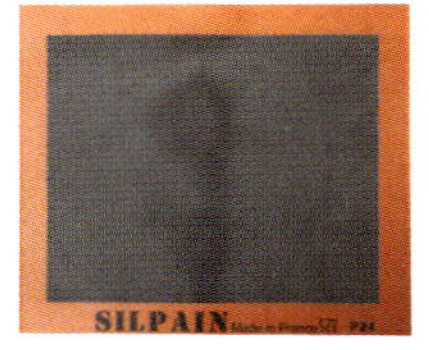

실팡 타공 매트
프랑스 실팡 브랜드의 빨아 쓰는 유산지인 '실팡 타공 매트'. 그물 형태라 열이 잘 통하고, 생지를 구웠을 때 예쁘게 완성된다.

모양깍지
1) 지름 1㎝ 모양깍지는 '감 쇼트케이크(p. 52)', '곶감 페네트라(p. 68)', '감과 배 타르트(p. 74)' '곶감 버터 럼레이즌(p. 103)'에서 사용했다.

2) 생토노레깍지는 '감과 홍차크림 밀푀유(p. 72)'에서 사용했다.

이 책에서 사용한 틀

파운드 틀

'곶감 검은깨 양갱(p. 19)' '곶감과 레몬 파운드케이크(p. 26)' '감과 생강 파운드케이크(p. 90)'에서 사용했다.

타르트 틀

지름 18㎝ 물결모양 타르트 틀을 '감 코코아 타르트(p. 33)'에서 사용했다.

사각 틀

가로세로 18㎝ 사각 틀로 '감 타르트타탱 케이크(p. 36)' '감잼 크럼블 쿠키(p. 40)'를 만들었다.

머핀 틀

지름 7.5㎝ 머핀 틀로 '감과 홍차 머핀(p. 28)'을 만들었다. 금속 재질로 된 틀에는 종이컵을 끼운 후 구워야 한다. 두꺼운 종이 재질의 틀이라면 그냥 구워도 된다.

원형 틀

지름 15㎝ 원형 틀로 '곶감과 호지차 찜케이크(p. 24)' '감 업사이드 다운 케이크(p. 60)' '감과 패션프루트 무스(p. 64)'를 만들었다.

푸딩 컵

바닥 지름 4.2㎝×높이 4㎝ 푸딩 컵으로 '곶감 퐁당 쇼콜라(p. 100)'를 만들었다.

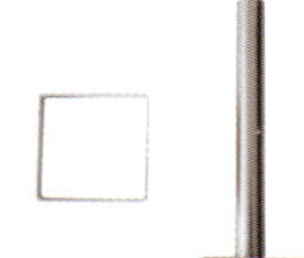

평리수 틀

'대만식 곶감 케이크(p. 98)'는 가로세로 4.5㎝ 틀과 누름판이 세트인 평리수 틀로 만들었다. 틀 없이 만드는 방법도 소개했다.

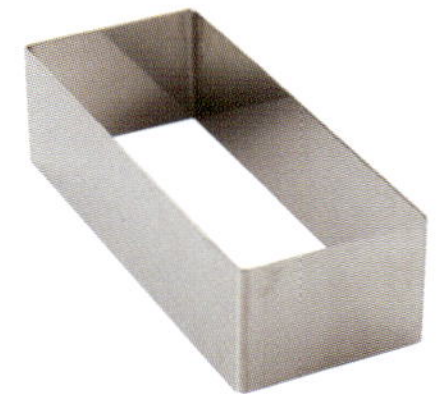

직사각형 틀

가로 7㎝×세로 18㎝×높이 5㎝의 직사각형 틀로 '감과 배 타르트(p. 74)'를 만들었다. 파운드 틀로도 만들 수 있지만, 이 틀이 있으면 케이크를 쉽게 꺼낼 수 있어서 추천한다.

타르트 링

지름 18㎝×높이 2㎝ 타르트 링으로 '곶감 페네트라(p. 68)'를 만들었다. 물론 타르트 틀로 만들어도 좋다.

롤케이크 틀

가로세로 27㎝ 롤케이크 틀로 '감 쇼트케이크(p. 52)'의 스펀지케이크를 만들었다.

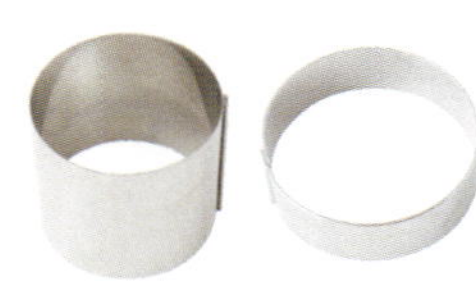

무스 링

지름 6㎝와 지름 8㎝의 무스 링으로 '감 쇼트케이크(p. 52)'의 스펀지케이크와 감을 동그랗게 찍어냈다.

달걀·백설탕·유제품 없는 건강한 감 디저트

몇 년 전, 인기 없는 과일 중 하나가 감이라는 이야기를 들었다.

"에? 정말이야?"

당시에는 별생각 없이 그 말을 믿었는데, 이렇게 감을 주제로 한 디저트 책이 나왔다는 건 그 말이 사실이 아니라는 증거일 것이다. 감을 좋아하는 사람은 분명히 많이 있다. 나도 물론 감을 좋아하고, 우리 집 강아지도 감을 매우 좋아한다.

감은 가을을 대표하는 과일이라고 해도 지나치지 않다.

감이 주홍색으로 익어가는 풍경은 가을의 아름다운 풍경 중 하나다.

그런 감을 아낌 없이 넣은 디저트 레시피를 연구하고 시행착오를 거듭하면서, 감은 일본 디저트에도 서양 디저트에도 잘 어울리는 과일이라는 점을 새삼 깨달았다.

하루하루 지날 때마다 식감이 바뀌는 것도 감이 가진 매력이다. 그대로 먹어도 맛있고, 이런저런 방법으로 요리해서 먹어도 맛있는 과일이다.

단단한 단감은 구운 후 케이크로 만들면 깊은 맛이 난다. 조금 부드러운 연시는 팥소 안에 넣거나, 케이크나 타르트 위에 올려 신선한 크림을 더하면 잘 어울린다. 완전히 익은 홍시는 음료나 잼, 퓌레로 만들면 좋다. 여기에서 소개하지는 않았지만, 감은 드레싱으로 만들어도 맛있다. 스파이스나 허브, 배와도 잘 어울리는, 정말 만능 과일이다.

그리고 잊지 말아야 할 것이 곶감이다. 이 책에서는 신선한 감뿐만 아니라 각각의 디저트와 잘 어울리는 감을 골고루 사용했다. 이렇게 재능이 많은 과일은 없을 것이다.

단감에서 연시로, 연시에서 홍시로 매일매일 변해가는 감은 정말이지 그 순간마다 너무 맛있고 매력적이다.

가을이 무르익어갈 무렵, 이 책에 소개된 새로운 감 디저트 중에서 마음에 드는 디저트를 꼭 한번 만들어 보길 바란다.

이마이 요우코

프랑스식 고품격 감 과자

"『복숭아 디저트 레시피』『밤 디저트 레시피』 책을 본 사람들이 '감 디저트 레시피'도 만들어달라고 성화예요."

출판사에서 요청해올 때마다 나는 웃으며 "감은 어려워요"라고 말하곤 했다.

물론 나도 감을 매우 좋아하지만, 항상 요리하지 않고 그대로 먹었기 때문이다.

그런데 어느 순간부터 유명 빵집이나 프랑스 과자점, 카페 등에서 가을이 되면 감 케이크나 디저트를 내놓기 시작했다.

그래서 나는 결심했다. "좋아, 다음 테마는 '감'이다."

솔직히 반신반의로 레시피 연구를 시작했는데, 다행스럽게도 스태프 중에 감을 엄청나게 좋아하는 사람이 두 명 있었다.

두 사람의 열띤 '감 사랑'을 두 눈으로 목격한 나는 '감 애호가들을 실망시킬 수 없다'는 사명감이 불타올라 매일 감과 씨름을 했다.

그리고 가나가와현 에비나시에 있는 '이치카와 농원'에 가서 처음으로 감을 수확하면서 감이라는 과일에 대해서 많은 생각을 하게 되었다.

감은 익은 후 부드러워지면 완전히 다른 과일로 변신한다. 단맛이 진해져서 과자 만들기 딱 좋은 상태로 변해간다. 그러니 초조해하지 말고 감이 익을 때까지 기다려보자. 조금 단단한 감은 '업사이드다운 케이크(p. 60)'처럼 구운 과자에 잘 어울린다.

감은 맛과 향이 진하지 않아서 달걀이나 유제품 등을 잘못 배합하면 감이 가진 고유의 맛이 사라져버린다. 그래서 맛과 향이 강한 재료와 배합할 때는 특히 주의해야 한다.

내가 그랬던 것처럼, 감 과자를 처음 만들어보는 사람도 있을 것이다. 이 책을 통해서 과자로 맛있게 변신해가는 감을 직접 경험해보길 바란다.

후지사와 가에데

촬영 무라구치 교이치로(표지, 〈건강한 감 디저트〉)
나카가키 미사(〈고품격 감 과자〉, 이치카와 농원)
스타일링 마가타 유코
디자인 다카하시 아카리(마루산카쿠)
교정 아쿠쓰 준코
조리 어시스턴트 이케다 가오리, 호소이 아이코
편집 시바 아사코(오피스 Cuddle)

옮긴이 **권혜미**
대학에서 건축공학을 전공했다. 직장생활을 하던 중 일본어와 책에 매력을 느끼고 번역가의 길로 들어서게 됐다. 현재는 여러 분야의 도서를 기획, 번역하고 있으며 저자와 독자 사이를 잇는 뿌리 깊은 조력자가 되기 위해 노력하고 있다. 현재 소통인(人)공감 에이전시에서도 활동 중이다. 옮긴 책으로는 『매실과 살구 디저트 레시피』『밤 디저트 레시피』『무화과 디저트 레시피』『복숭아 디저트 레시피』『크림 디저트 레시피』『인생을 지배하는 습관의 힘』『오늘 알았던 걸 그때 알았더라면』『오늘 하루 잠시 쉬어가도 괜찮아』『유대인식 Why? 사고법』『생각의 스위치』『더 라스트 맨』『장이 바뀌면 인생이 바뀐다』『돈의 경영』『잠시 쉬어가도 괜찮아』『일해줘서 고마워요』『혼자만의 시간이 필요한 이유』『부자가 보낸 편지』 등이 있다.

시즈널 베이킹 시리즈 5
잼과 콩포트부터 타르트, 파운드케이크, 밀푀유, 찜케이크와 양갱까지
감 디저트 레시피

초판 1쇄 인쇄 2025년 11월 25일
초판 1쇄 발행 2025년 11월 30일

지은이 이마이 요우코 · 후지사와 가에데
옮긴이 권혜미

펴낸이 최정이
펴낸곳 지금이책
등록 제410-2015-000174호
주소 경기도 고양시 일산서구 킨텍스로 410
전화 070-8229-3755
팩스 0303-3130-3753
이메일 now_book@naver.com
블로그 blog.naver.com/now_book
인스타그램 nowbooks_pub

ISBN 979-11-88554-91-1 (13590)